战略性新兴领域"十四五"高等教育系列教材

# 智能采矿概论

主　编　王家臣　杨胜利

副主编　潘卫东　张锦旺　赵志强　赵红泽

参　编　（按姓氏笔画排列）

　　　　王志强　王春来　王炳文　邓雪杰　刘世奇

　　　　刘洪涛　孙书伟　孙振明　李良晖　张　村　滕　腾

U0360825

机械工业出版社
CHINA MACHINE PRESS

本书面向新工科智能采矿工程专业需求,以煤炭开采为主要对象,系统地介绍了与智能采矿相关的基本理论和技术。本书共7章,主要内容包括绪论、煤矿地质与智能探测、井田开拓、巷道掘进与智能化、采煤方法与智能化、矿井安全与智能监控、露天开采与智能化。

本书内容新颖、重点突出,兼具理论性与实用性。本书可作为高等院校智能采矿工程及相关专业的本科教材,也可作为从事煤矿开采技术人员、生产管理者和科研人员的参考书。

本书配有PPT课件等教学资源,免费提供给选用本书作为教材的授课教师,需要者请登录机械工业出版社教育服务网(www.cmpedu.com)注册后下载。

**图书在版编目(CIP)数据**

智能采矿概论 / 王家臣,杨胜利主编. -- 北京 : 机械工业出版社,2024.11. -- (战略性新兴领域"十四五"高等教育系列教材). -- ISBN 978-7-111-76962-0

Ⅰ. TD8-39

中国国家版本馆 CIP 数据核字第 2024MZ9799 号

机械工业出版社(北京市百万庄大街22号　邮政编码100037)

策划编辑:刘春晖　　　　　　　责任编辑:刘春晖
责任校对:张爱妮　张　薇　　　封面设计:马若濛
责任印制:邓　博

北京中科印刷有限公司印刷

2024年12月第1版第1次印刷

184mm×260mm·11.75印张·269千字

标准书号:ISBN 978-7-111-76962-0

定价:45.00 元

电话服务　　　　　　　　　　网络服务

客服电话:010-88361066　　　机　工　官　网:www.cmpbook.com
　　　　　010-88379833　　　机　工　官　博:weibo.com/cmp1952
　　　　　010-68326294　　　金　书　网:www.golden-book.com
**封底无防伪标均为盗版**　　　机工教育服务网:www.cmpedu.com

# 系列教材编审委员会

# 丛书序一

面对全球气候变化日益严峻的形势，碳中和已成为各国政府、企业和社会各界关注的焦点。早在 2015 年 12 月，第二十一届联合国气候变化大会上通过的《巴黎协定》首次明确了全球实现碳中和的总体目标。2020 年 9 月 22 日，习近平主席在第七十五届联合国大会一般性辩论上，首次提出碳达峰新目标和碳中和愿景。党的二十大报告提出，"积极稳妥推进碳达峰碳中和"。围绕碳达峰碳中和国家重大战略部署，我国政府发布了系列文件和行动方案，以推进碳达峰碳中和目标任务实施。

2023 年 3 月，教育部办公厅下发《教育部办公厅关于组织开展战略性新兴领域"十四五"高等教育教材体系建设工作的通知》（教高厅函〔2023〕3 号），以落实立德树人根本任务，发挥教材作为人才培养关键要素的重要作用。中国矿业大学（北京）刘波教授团队积极行动，申请并获批建设未来产业（碳中和）领域之一系列教材。为建设高质量的未来产业（碳中和）领域特色的高等教育专业教材，融汇产学共识，凸显数字赋能，由 63 所高等院校、31 家企业与科研院所的 165 位编者（含院士、教学名师、国家千人、杰青、长江学者等）组成编写团队，分碳中和基础、碳中和技术、碳中和矿山与碳中和建筑四个类别（共计 14 本）编写。本系列教材集理论、技术和应用于一体，系统阐述了碳捕集、封存与利用、节能减排等方面的基本理论、技术方法及其在绿色矿山、智能建造等领域的应用。

截至 2023 年，煤炭生产消费的碳排放占我国碳排放总量的 63% 左右，据《2023 中国建筑与城市基础设施碳排放研究报告》，全国房屋建筑全过程碳排放总量占全国能源相关碳排放的 38.2%，煤炭和建筑已经成为碳减排碳中和的关键所在。本系列教材面向国家战略需求，聚焦煤炭和建筑两个行业，紧跟国内外最新科学研究动态和政策发展，以矿业工程、土木工程、地质资源与地质工程、环境科学与工程等多学科视角，充分挖掘新工科领域的规律和特点、蕴含的价值和精神；融入思政元素，以彰显"立德树人"育人目标。本系列教材突出基本理论和典型案例结合，强调技术的重要性，如高碳资源的低碳化利用技术、二氧化碳转化与捕集技术、二氧化碳地质封存与监测技术、非二氧化碳类温室气体减排技术等，并列举了大量实际应用案例，展示了理论与技术结合的实践情况。同时，邀请了多位经验丰富的专家和学者参编和指导，确保教材的科学性和前瞻性。本系列教材力求提供全面、可持续的解决方案，以应对碳排放、减排、中和等方面的挑战。

本系列教材结构体系清晰，理论和案例融合，重点和难点明确，用语通俗易懂；融入了编写团队多年的实践教学与科研经验，能够让学生快速掌握相关知识要点，真正达到学以致用的效果。教材编写注重新形态建设，灵活使用二维码，巧妙地将微课视频、模拟试卷、虚拟结合案例等应用样式融入教材之中，以激发学生的学习兴趣。

　　本系列教材凝聚了高校、企业和科研院所等编者们的智慧，我衷心希望本系列教材能为从事碳排放碳中和领域的技术人员、高校师生提供理论依据、技术指导，为未来产业的创新发展提供借鉴。希望广大读者能够从中受益，在各自的领域中积极推动碳中和工作，共同为建设绿色、低碳、可持续的未来而努力。

谢和平

中国工程院院士

深圳大学特聘教授

2024 年 12 月

# 丛书序二

2015 年 12 月，第二十一届联合国气候变化大会上通过的《巴黎协定》首次明确了全球实现碳中和的总体目标，"在本世纪下半叶实现温室气体源的人为排放与汇的清除之间的平衡"，为世界绿色低碳转型发展指明了方向。2020 年 9 月 22 日，习近平主席在第七十五届联合国大会一般性辩论上宣布，"中国将提高国家自主贡献力度，采取更加有力的政策和措施，二氧化碳排放力争于 2030 年前达到峰值，努力争取 2060 年前实现碳中和"，首次提出碳达峰新目标和碳中和愿景。2021 年 9 月，中共中央、国务院发布《中共中央 国务院关于完整准确全面贯彻新发展理念做好碳达峰碳中和工作的意见》。2021 年 10 月，国务院印发《2030 年前碳达峰行动方案》，推进碳达峰碳中和目标任务实施。2024 年 5 月，国务院印发《2024—2025 年节能降碳行动方案》，明确了 2024—2025 年化石能源消费减量替代行动、非化石能源消费提升行动和建筑行业节能降碳行动具体要求。

党的二十大报告提出，"积极稳妥推进碳达峰碳中和""推动能源清洁低碳高效利用，推进工业、建筑、交通等领域清洁低碳转型"。聚焦"双碳"发展目标，能源领域不断优化能源结构，积极发展非化石能源。2023 年全国原煤产量 47.1 亿 t、煤炭进口量 4.74 亿 t，2023 年煤炭占能源消费总量的占比降至 55.3%，清洁能源消费占比提高至 26.4%，大力推进煤炭清洁高效利用，有序推进重点地区煤炭消费减量替代。不断发展降碳技术，二氧化碳捕集、利用及封存技术取得明显进步，依托矿山、油田和咸水层等有利区域，降碳技术已经得到大规模应用。国家发展改革委数据显示，初步测算，扣除原料用能和非化石能源消费量后，"十四五"前三年，全国能耗强度累计降低约 7.3%，在保障高质量发展用能需求的同时，节约化石能源消耗约 3.4 亿 t 标准煤、少排放 $CO_2$ 约 9 亿 t。但以煤为主的能源结构短期内不能改变，以化石能源为主的能源格局具有较大发展惯性。因此，我们需要积极推动能源转型，进行绿色化、智能化矿山建设，坚持数字赋能，助力低碳发展。

联合国环境规划署指出，到 2030 年若要实现所有新建筑在运行中的净零排放，建筑材料和设备中的隐含碳必须比现在水平至少减少 40%。据《2023 中国建筑与城市基础设施碳排放研究报告》，2021 年全国房屋建筑全过程碳排放总量为 40.7 亿 t $CO_2$，占全国能源相关碳排放的 38.2%。建材生产阶段碳排放 17.0 亿 t $CO_2$，占全国的 16.0%，占全过程碳排放的 41.8%。因此建筑建造业的低能耗和低碳发展势在必行，要大力发展节能低碳建筑，优化建筑用能结构，推行绿色设计，加快优化建筑用能结构，提高可再生能源使用比例。

面对新一轮能源革命和产业变革需求，以新质生产力引领推动能源革命发展，近年来，中国矿业大学（北京）调整和新增新工科专业，设置全国首批碳储科学与工程、智能采矿工程专业，开设新能源科学与工程、人工智能、智能建造、智能制造工程等专业，积极响应未来产业（碳中和）领域人才自主培养质量的要求，聚集煤炭绿色开发、碳捕集利用与封存等领域前沿理论与关键技术，推动智能矿山、洁净利用、绿色建筑等深度融合，促进相关学科数字化、智能化、低碳化融合发展，努力培养碳中和领域需要的复合型创新人才，为教育强国、能源强国建设提供坚实人才保障和智力支持。

为此，我们团队积极行动，申请并获批承担教育部组织开展的战略性新兴领域"十四五"高等教育教材体系建设任务，并荣幸负责未来产业（碳中和）领域之一系列教材建设。本系列教材共计 14 本，分为碳中和基础、碳中和技术、碳中和矿山与碳中和建筑四个类别，碳中和基础包括《碳中和概论》《碳资产管理与碳金融》和《高碳资源的低碳化利用技术》，碳中和技术包括《二氧化碳转化原理与技术》《二氧化碳捕集原理与技术》《二氧化碳地质封存与监测》和《非二氧化碳类温室气体减排技术》，碳中和矿山包括《绿色矿山概论》《智能采矿概论》《矿山环境与生态工程》，碳中和建筑包括《绿色智能建造概论》《绿色低碳建筑设计》《地下空间工程智能建造概论》和《装配式建筑与智能建造》。本系列教材以碳中和基础理论为先导，以技术为驱动，以矿山和建筑行业为主要应用领域，加强系统设计，构建以碳源的降、减、控、储、用为闭环的碳中和教材体系，服务于未来拔尖创新人才培养。

本系列教材从矿业工程、土木工程、地质资源与地质工程、环境科学与工程等多学科融合视角，系统介绍了基础理论、技术、管理等内容，注重理论教学与实践教学的融合融汇；建设了以知识图谱为基础的数字资源与核心课程，借助虚拟教研室构建了知识图谱，灵活使用二维码形式，配套微课视频、模拟试卷、虚拟结合案例等资源，凸显数字赋能，打造新形态教材。

本系列教材的编写，组织了 63 所高等院校和 31 家企业与科研院所，编写人员累计达到 165 名，其中院士、教学名师、国家千人、杰青、长江学者等 24 人。另外，本系列教材得到了谢和平院士、彭苏萍院士、何满潮院士、武强院士、葛世荣院士、陈湘生院士、张锁江院士、崔愷院士等专家的无私指导，在此表示衷心的感谢！

未来产业（碳中和）领域的发展方兴未艾，理论和技术会不断更新。编撰本系列教材的过程，也是我们与国内外学者不断交流和学习的过程。由于编者们水平有限，教材中难免存在不足或者欠妥之处，敬请读者不吝指正。

刘波

教育部战略性新兴领域"十四五"高等教育教材体系

未来产业（碳中和）团队负责人

2024 年 12 月

# 前　言

　　智能矿山建设是矿业高质量发展的必由之路，"智能化、少人化"是采矿行业转型发展的重要方向，对于推动我国采矿技术变革和提高安全生产水平具有重要意义。近年来，我国在智能采矿方面取得了一定成效，特别是在煤炭开采领域成效更加显著。目前，智能化煤矿已经初步完成对井工煤矿采、掘、机、运、通以及地面洗、选、运等系统的智能化建设，实现安全生产全流程的远程协同和自动控制。截至 2024 年 4 月底，全国累计建成智能化采煤工作面 1922 个、智能化掘进工作面 2154 个，逐步形成了不同区域、不同建设条件的智能化建设模式。露天煤矿正在进行智能爆破、无人驾驶、智能调度等技术开发和工业试验。

　　我国智能矿山建设进程的大力推进，以及煤炭行业的智能、绿色、高质量转型发展催生了对智能采矿专业技术人才的巨大需求，自 2021 年智能采矿工程列入普通高等学校本科专业目录的新专业名单以来，全国已有 11 个省、直辖市、自治区的 16 所高等学校开设了智能采矿工程专业（截至 2024 年 3 月底）。为了弥补智能采矿工程专业系列教材的缺口，满足新工科智能采矿工程专业的教学需要，我们编写了本书。

　　本书是智能采矿的入门教材，在内容组织上突出基础性、系统性、前沿性、实用性等特点，在内容安排上更注重基本概念、基本原理、主要方法和关键技术的介绍，加强了智能采矿关键知识点的背景介绍，力争做到深入浅出、通俗易懂。

　　本书由长期从事智能采矿教学和研究的一线教师共同编写，编者在编写本书的过程中汲取了现有教材的优点，结合学科专业的特点，融入了智能采矿最新研究成果，以期内容的编排和选取有利于教学的实施，建议全书授课学时数为 16 学时。

　　本书共 7 章。第 1 章介绍了我国能源矿产结构特征、采矿方法分类、智能采矿基本概念及发展现状等；第 2 章介绍了煤矿地质与智能探测，包括煤矿地质基础知识、煤层赋存特征与地质构造、煤炭地质勘探与储量、煤矿主要地质图件等；第 3 章介绍了井田开拓相关知识，包括井田开拓的基本问题、井田开拓方式、井筒（硐）布置与矿井采掘关系等；第 4 章介绍了巷道掘进与智能化，包括巷道概念及类别、巷道支护、巷道掘进装备及智能化等；第 5 章介绍了采煤方法与智能化，包括采煤方法的概念与分类、工作面回采工艺与巷道布置、工作面智能装备与系统，以及充填开采、保水采煤、煤与共伴生资源协调开采、煤炭地下气化等绿色开采技术；第 6 章介绍了矿井安全与智能监控，包括矿井通风与智能化、矿井瓦斯、水、火、煤尘、顶板及冲击地压灾害防治及智能监测预警技术等；第 7 章介绍了露天开采与智能化，包括露天开采的基本概念、露天开采主要工艺环节与工艺系统、露天矿生态环境保护、露天矿边坡灾害与智能监测等。

　　本书各章节主要编写人员分工如下：第 1 章由王家臣、杨胜利、张村编写，第 2 章由王志强、滕腾、张村编写，第 3 章由杨胜利、潘卫东编写，第 4 章由赵志强、刘洪涛编写，第 5 章由王家臣、潘卫东、李良晖、邓雪杰、张锦旺编写，第 6 章由张锦旺、杨胜利、王春来、刘世奇编写，第 7 章由赵红泽、王炳文、孙书伟、孙振明编写。全书由王家臣、杨胜利进行统稿。

　　编者在本书编写过程中参考了一些文献资料及他人研究成果，已尽可能列入参考文献，在此向他们表示感谢，若有个别遗漏，表示歉意。

　　智能采矿技术发展很快，未来新知识和新技术必将不断涌现。限于编者水平，书中难免存在疏漏之处，恳请广大读者批评指正。

编　者

| 序号 | 章节位置 | 资源名称 | 二维码图形 |
|------|----------|----------|------------|
| 1 | 3.1.1 | 煤田划分为井田 | |
| 2 | 4.2.2 | 锚杆支护悬吊理论 | |
| 3 | 5.2.5.2 | 放顶煤采煤法 | |
| 4 | 7.3 | 露天开采工艺系统 | |
| 5 | 7.5.1 | 露天矿边坡灾害类型 | |

# 目　录

我国是矿产资源大国，具有种类齐全的矿产资源。我国也是采矿方法最齐全和最先进的国家，尤其是近些年在智能矿山建设等方面取得了突破性进展，建成了一批具有国际先进水平的智能化矿井。

## 1.1　矿产与煤炭资源

矿产资源泛指一切埋藏在地下（或分布于地表，或岩石风化，或岩石沉积）可供人类利用的天然矿物或岩石资源。截至 2022 年末，全国已发现矿产资源 173 种，其中能源矿产 13 种，金属矿产 59 种，非金属矿产 95 种，水气矿产 6 种。目前，我国 92% 以上的一次能源、80% 以上的工业原材料、70% 以上的农业生产资料均来自于矿产资源。

我国矿产资源中有 20 多种探明储量居世界前列，年产矿石已超过 70 亿 t。固体矿产产值在世界固体矿产总产值中占 16.5%，居世界第二位。但我国也是一些矿产资源短缺的国家，如铁矿石、石油、天然气的对外依存度分别在 85%、70%、45% 以上。

### 1.1.1　矿产资源分类

**1. 能源矿产**

能源矿产泛指蕴含某种形式的能，并可以转换成人类生产和人们生活必需的热、光、电、磁和机械能的矿产，分为燃料矿产、放射性矿产和地热资源。

1）燃料矿产又称为可燃有机矿产，主要由有机物构成。燃料矿产既是发热量高的燃料，又是重要的化工原料。燃料矿产按产出状态可分为固体燃料矿产（如煤、石煤、油页岩、油砂、天然沥青）、液体燃料矿产（如石油）和气体燃料矿产（如天然气、煤层气）。

2）放射性矿产是指可裂变或聚变为原子能的矿产原料，如铀矿、钍矿等，是国防和核电站的物质基础。

3）地热资源是指蕴藏于地内的热能，主要源自放射性元素的蜕变放热和地幔热流，在火山区则源自岩浆活动。

**2. 金属矿产**

金属矿产是指从中提取某种供工业利用的金属元素或化合物的矿产。根据金属元素的性质和用途将其分为黑色金属矿产，如铁矿和锰矿；有色金属矿产，如铜矿和锌矿；轻金属矿产，如铝镁矿；贵金属矿产，如金矿和银矿；稀有金属矿产，如锂矿和铍矿；稀土金属矿产；分散金属矿产等。金属矿产的成因主要包含岩浆分异、接触变质、海底喷流、热液、沉积和风化六种作用。

### 3. 非金属矿产

非金属矿产是指在经济上有用的某种非金属元素，或可直接利用矿物、岩石的某种化学、物理或工艺性质的矿产资源。非金属矿产的主要品种为金刚石、石墨、自然硫、硫铁矿、水晶、刚玉、蓝晶石等。非金属矿产的成因多种多样，但以岩浆型、变质型、沉积型和风化型最为重要，另外海底喷流作用也很重要，如硫铁矿就属于这一成因。

### 4. 水气矿产

水气矿产是指蕴含某种水、气并经开发可被人们利用的矿产。水气矿产包括地下水、矿泉水、气体二氧化碳、气体硫化氢、氦气和氡气 6 种矿种。

这些矿产资源是通过地质作用形成的，具有利用价值，呈固态、液态、气态的自然资源，是社会生产发展的重要物质基础。

## 1.1.2 我国能源矿产结构特征

在当今世界能源结构中，煤炭资源储量丰富，而石油、天然气相对贫乏；我国更是一个相对富煤、贫油、少气的国家。在 21 世纪前 50 年内，世界能源的发展趋势以化石燃料为主。随着石油、天然气资源的日益短缺和洁净煤技术的进一步发展，煤炭的重要性和地位逐渐提升。根据我国资源状况和煤炭在能源生产及消费结构中的比例，以煤炭为主体的能源结构在相当长的一段时间内不会改变。

我国能源资源的基本特点决定了煤炭在一次能源中的重要地位。我国煤炭资源总量为 5.6 万亿 t，其中已探明储量为 1 万亿 t，占世界总储量的 11%，而石油仅占 2.4%，天然气仅占 1.2%。我国已探明资源总量中的常规能源中煤炭占 87.4%，石油占 2.8%，天然气占 0.3%，水能占 9.5%。

## 1.2 采矿与采矿方法分类

### 1.2.1 采矿

采矿是按照特有的科学规律，使用一定的机械设备从地下直接或者间接获取有用矿物及共伴生资源的一种工程活动，属于技术科学范畴。传统的采矿有狭义和广义之分，狭义的采矿仅仅指矿产资源的开采活动，广义的采矿还包括加工、提炼等环节。

金属矿床、非金属矿床和可燃矿物开采均称为广义的采矿，长期的采矿生产实践逐渐形成煤炭开采、金属矿开采、建材开采、石油和天然气开采等传统产业。煤炭、金属和非金属固体矿床开采在技术、方法、装备及遇到的问题上大体相近，均称为采矿；而石油和天然气开采完全不同于固体矿床开采，称为石油和天然气开采。

## 1.2.2 采矿方法分类

在煤矿开采过程中，采煤方法是采煤工艺和采煤系统的总和。采煤系统通常是由一系列准备巷道和回采巷道构成的；采煤工艺涉及采煤工作面各工序所用方法、设备及其在时间、空间上的相互配合。

按照矿产开采方式，采矿可分为露天开采和地下开采。露天开采是为了采出有用矿物，将覆盖在矿物上的土层和岩层去除的过程（图 1-1a）；地下开采则是采用井下设备和工艺，通过地下井巷进行开采的方法（图 1-1b）。

a)                                    b)

图 1-1 矿产开采方式                                    图 1-1 彩图

a）煤矿露天采煤场  b）井下采煤工作面

## 1.2.3 煤炭开采

### 1. 煤炭地下开采

对于煤炭资源，我国是世界上唯一以地下开采为主的国家，2023 年全国煤炭产量 47.1 亿 t，其中 78% 来自地下开采；而美国、印度、印度尼西亚、澳大利亚和俄罗斯的地下开采占比分别为 37%、10%、30%、30% 和 44%。地下开采主要分为壁式体系采煤法和柱式体系采煤法。除个别边角块段或者地面需要保护的区域外，我国地下煤矿主要采用壁式体系采煤法。当壁式采煤工作面长度大于 80m 时，称为长壁开采。目前，我国长壁采煤工作面的长度大部分为 150~300m，部分工作面长度可达 450m 以上，这主要取决于煤层赋存条件、工作面设备配套和采掘计划等。近年来，随着工作面装备大型化以及高产高效的需要，工作面长度有增大趋势。

### 2. 煤炭露天开采

对于一些厚度较大、埋藏较浅的煤层可优先采用露天开采。露天开采的主要工序有剥岩、采装、运输和排土。根据采装和运输工作的方式不同，将露天开采工艺分为间断式开采工艺、半连续式开采工艺、连续式开采工艺和综合开采工艺。露天开采具有机械化程度高、资源采出率高、劳动条件好、生产安全、生产能力弹性大等优点，但也存在需要剥离和排弃大量岩土、占用较多土地、初期投资大、受气候条件影响大等缺点。相对地下开采，露天开采更容易实现智能化开采，如卡车无人驾驶、生产系统智能调度技术等。

## 1.3　智能采矿

### 1.3.1　智能采矿概述

智能采矿是一种结合了信息技术、自动化技术、机器人技术等技术手段的采矿方式，是利用智能装备、工业物联网、云计算、大数据、移动互联网、人工智能等技术与现代煤矿开发技术深度融合，形成全面感知、实时互联、分析决策、自主学习、动态预测、协同控制的智能系统，实现煤矿开拓、准备、回采、运输、通风、洗选、安全保障、经营管理等过程的智能化运行，从而实现以安全、高效、经济、环保为目标的采矿工艺过程。煤矿智能化开采技术则是指在不需要人工直接干预的情况下，通过采掘环境的智能感知、采掘装备的智能调控、采掘作业的自主巡航，由采掘装备独立完成的采掘作业过程。按照开采方式不同，智能采矿可以分为井工煤矿智能开采和露天煤矿智能开采。

**1. 井工煤矿智能开采**

井工煤矿智能开采是以信息基础网络为核心，整合地质保障系统、智能掘进系统、智能采煤系统、智能主煤流运输系统、智能辅助运输系统、智能通风系统以及智能安全监控等系统采掘地下煤炭资源的工程技术活动。其中，智能采煤系统是井工煤矿智能开采的关键系统，是应用物联网、云计算、大数据、人工智能等先进技术，使工作面采煤机、液压支架、输送机（含刮板输送机、转载机、破碎机、可伸缩带式输送机）及电液动力设备等形成具有自主感知、自主决策和自动控制运行功能的智能系统，实现工作面落煤（截割或放顶煤）、装煤、支护、运煤等作业工况自适应和工序协同控制。

**2. 露天煤矿智能开采**

露天煤矿智能开采是以露天矿信息基础设施为核心，整合露天矿智能设计系统、露天矿智能工艺系统、露天矿智能生产辅助系统以及露天矿智能综合管控等系统采掘浅埋煤炭资源的工程技术活动。其中，露天矿智能工艺系统是露天煤矿智能开采的关键系统，是运用先进的计算机数据处理与管理技术，结合大型智能化操作系统，利用先进的数据通信技术，实现挖掘机、矿用卡车等设备的无人驾驶及带式输送机、破碎站等设备的无人值守和远程操控。露天煤矿智能开采是将信息化技术与露天煤炭工业深度融合，通过生产、安全、管理、设计等工作的信息化和矿山机械的智能化，实现露天矿山劳动生产率的大幅度提高，整体生产成本的大幅度降低。

### 1.3.2　智能采矿发展现状

随着智能化时代的到来，自动化、数字化、智能化技术进一步发展，矿山企业依据不同的应用目标在智能化建设过程中开展大量的实践，根据技术应用侧重点可以分为自动化矿山、数字化矿山、智能（智慧）矿山等。

**1. 国外智能矿山发展现状**

20 世纪 60 年代，部分矿业发达国家开始研究自动化、数字化采矿技术；20 世纪 90

年代，为赢得采矿业的竞争优势，这些矿业发达国家开始制定"智能化矿山"和"无人化矿山"发展规划，实施智能矿山研究计划。目前矿山可实现地质建模和开采过程三维数字化，并且采矿装备大型化和部分装备智能化，采选中心实现集中管控，主要体现为一线作业人员少、生产效率高、安全事故少等。如今，大型国际矿业公司正加快智能矿山建设的步伐，如加拿大国际镍公司（Canada Nickel）长期致力于研究自动采矿技术，拟于 2050 年在某矿山实现无人采矿，通过卫星操控矿山的所有设备；英美资源集团（Anglo American）最新使用的"未来智能矿业"技术体系，体现在浓缩矿井、无水矿山、现代化矿山、智能矿山四个方面，偏向于资源集约开发和生态环境保护，极大地减少了对化石燃料和传统能源的依赖；瑞典基律纳铁矿（Kiruna Iron Ore Mine，Sweden）目前已基本实现无人智能采矿，除检修工作外，远程计算机集控系统可完成所有设备的操纵，实现高度自动化和智能化。

总体来看，很多国家及矿业公司的智能矿山建设已经超越机械化和自动化的范畴，正在探索将智能化开采技术应用于矿山生产的各个环节。

**2. 国内智能矿山发展现状**

近年来，随着大数据、自动控制、物联网和 5G 等技术的发展，部分矿山的智能化建设取得了突破性的进展。例如，云南某铜矿实现井下穿脉内铲、运、卸矿作业自动化、智能化，成功打造少人和无人生产作业全流程智能化解决方案；玉溪某铁矿集成智能采矿选矿、数据决策、能源管控和安全管理一体化控制，采矿生产实现三维建模、铲运机无人驾驶，选矿实现主要生产设备远程集中控制和生产参数实时动态调整，地面实现道路喷淋降尘自动控制和在线监测；洛阳某露天矿采用新一代物联网、大数据、人工智能等系列技术，将无人机动态建模、多金属多目标配矿、装运卸智能调度以及生产数据智能分析与管理集成为一体，构建了一套全方位新型现代露天矿智能生产管控决策系统。

随着煤矿综合机械化开采技术的全面发展和新一代信息技术的应用，智能化开采技术应运而生并逐渐应用，推动了我国煤矿行业的重大技术变革。现阶段智能煤矿可以对涵盖矿井生产的采、掘、机、运、通、地质防治水以及地面洗选运等系统开展智能化建设与改造，打造矿山云图智能决策平台，通过现代通信技术和控制技术，实现安全生产全流程的远程、协同和自动控制。据不完全统计，截至 2024 年 4 月，全国已建成近 1922 个智能化开采工作面，初步实现了"有人巡视、无人操作"的智能开采。但是，我国煤矿智能化建设目前仍处于培育示范阶段，发展还不充分、不平衡，距离全面实现无人化智能开采还有较大的差距。

## 1.3.3　智能采矿系统构成

**1. 井工煤矿智能化系统构成**

井工煤矿智能化总体架构以"网络互联互通、数据共享交换、信息融合安全、业务协同联动、资源高效利用"为原则，应符合感知学习、系统交互、群体智能的发展方向，基于获取的大数据实现生产、安全和保障场景的流程优化，在各个系统层面实现数据互通，打造横向一体化平台，在矿级、部门级和区队级实现业务、数据和人机协同。井工煤矿智能化总体架构包括煤矿所有的业务系统和操作平台，如图1-2所示。

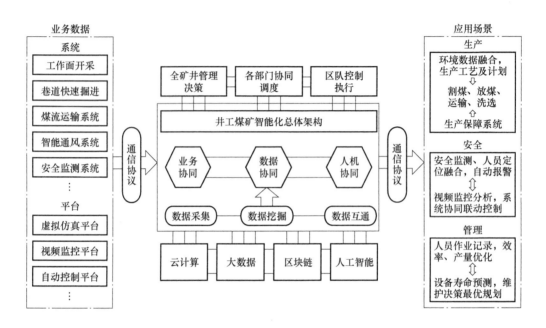

图 1-2　井工煤矿智能化总体架构

**2. 露天矿山智能化系统构成**

智能露天矿山的建设是一个典型的多学科技术交叉的新领域，它涵盖了露天矿山企业生产经营的全过程。因此，智能化露天矿山的建设是一项复杂、系统且艰巨的工作，既有人的观念的影响，也有技术因素的影响；既有资金的影响，也受法规的约束。通过借鉴国内外矿山的先进建设经验，结合矿山的自身特点和安全生产的特殊需求，按照管控一体化的思路，露天矿山智能化总体架构采用"4体系+5层"的模式，如图1-3所示。

总体而言，我国智能矿山建设还处于初级阶段。智能矿山建设应充分体现大数据、现代信息技术、物联网、工业互联网、人工智能等新技术与矿业交叉融合的行业特点，充分满足数字化、智能化技术和装备不断深入应用于生产和管理过程的条件。将矿山从勘探、建设、生产到闭坑全过程信息进行数字化表述产生的海量、多变、异构数据汇集形成的大数据资源，经过数据挖掘和深度加工，用于矿山生产管理和决策。利用大数据与机器学习对矿产资源生产过程实施智能实时监测，并对废弃物进行筛选、分类、回收再利用，降低环境污染，进一步实现绿色矿山。

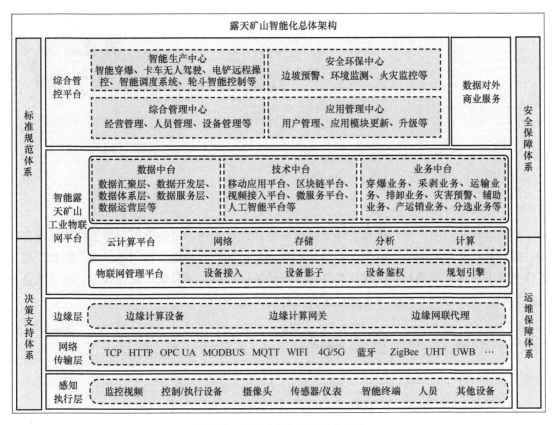

图 1-3 露天矿山智能化总体架构

# 思 考 题

1. 简述我国矿产资源的分类及能源矿产结构特征。

2. 简述采矿与智能采矿的含义。

3. 简述我国煤炭地下开采和露天开采的特征。

4. 简述我国智能矿山建设的现状。

# 第2章 煤矿地质与智能探测

煤层埋藏在地下，要将埋藏在地下的煤采出并加以利用，必须掌握煤层的性质及赋存特征。煤和其他矿产资源的形成与存在，是地球物质运动和各种地质作用的产物。因此，煤炭工作者应了解煤矿地质相关内容，包括煤矿地质基础知识、煤及煤层赋存状态、地质构造及其对煤矿生产的影响、煤矿主要地质图件与矿井储量等。

## 2.1 地质年代与含煤地层

### 2.1.1 地层与地史

地层是指地壳发展过程中所形成的层状岩石的总称，包括沉积岩、火成岩和变质岩。地层明显反映了其形成时间的先后顺序，如图 2-1 所示。

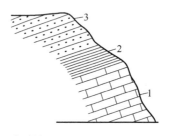

图 2-1 岩层的相对新老关系

1—石灰岩，最老 2—页岩，较石灰岩新，较砂岩老 3—砂岩，最新

地层划分是根据地层的特性和属性，按照地层的原始生成顺序及地层工作的实际需要，把一个地区的地层划分成各种地层单位，建立地层系统。

地层划分的方法主要包括构造学方法、岩石学方法和古生物学方法。

（1）构造学方法

构造学方法主要是根据不整合（角度和平行不整合）来进行地层划分。不整合是地层划分中的重要标志，它指示了地层之间的接触关系，从而帮助确定地层的顺序和年代。

（2）岩石学方法

岩石学方法依据岩性特征（如成分、颜色、结构、构造等）或岩石物理、化学性质的差异来进行地层划分。不同的岩性特征反映了地层的沉积环境和成因，因此通过分析岩性特征可以有效地划分地层。

（3）古生物学方法

古生物学方法根据上下地层中所含化石的不同来划分地层。生物层序律指出，不同时代的地层含有不同的化石，含有相同化石的地层其时代是相同的。通过分析地层中的化石，可以确定地层的年代和顺序。

这些方法各有特点，但常常需要综合运用，以达到更准确的划分结果。地层划分是地质学研究的基础工作，对于了解地球历史、资源勘探等方面具有重要意义。

## 2.1.2　地质年代

地质年代单位是以特定的地质时间间隔划分的时间单位，代表地史中一定的时间范围。地质年代单位包括宙、代、纪、世、期、时，相应的年代地层单位包括宇、界、系、统、阶、时间带，表示在“宙”这个时间单位内形成的地层叫“宇”；在“代”时间单位内形成的地层叫“界”，见表 2-1。地质年代表是地壳发展历史的时间表，通过对地层顺序的研究编制而成，地质年代表主要反映地质年代划分、主要地壳运动和生物演化进展的过程。

## 2.1.3　含煤地层

含煤地层是指一套含有煤层并且在成因上有联系的沉积岩系，也叫含煤岩系、含煤建造，简称煤系。我国含煤地层主要包括第三纪含煤地层、早中侏罗世含煤地层、侏罗白垩纪含煤地层、晚二叠世含煤地层。在沉积作用过程中，只要具备成煤条件，就可以形成煤系。煤系不是区域性的地层单位，其界线不一定与地层划分相吻合。有的煤系界线是跨地质时代的，如我国华北的石炭-二叠纪煤系，就跨越了两个地质时代。

根据成煤古地理环境，将煤系划分为近海型和内陆型两大类。

### 1. 近海型煤系

近海型煤系也称海陆交替相含煤岩系。这类煤系形成于近海地区，容易发生大范围的海侵海退。海侵时形成海相地层，海退时形成陆相地层，海相、陆相交替出现。煤系分布范围广，横向上岩性、岩相变化不大，煤层层位比较稳定，容易对比。煤系厚度不大，煤层的厚度也不大，但煤层数目较多，作为标志层的石灰岩层数也多。煤层结构较为简单，岩石夹层不多。煤层中常含黄铁矿结核，因此含硫较多。例如，我国华北的石炭-二叠纪煤系即近海型煤系。

### 2. 内陆型煤系

内陆型煤系也称陆相含煤岩系。这类煤系形成于距海较远的地区，往往是在内陆的一些小盆地中发育而成的，所以煤系中没有海相地层，全为陆相地层。由于沉积区较小，地形复杂，因此岩性、岩相在横向上变化较大，煤层不易对比。煤层数目不多，但厚度较大，厚度变化也大，常分叉、尖灭。煤层中岩石夹层较多，煤层结构复杂。例如，我国新疆的侏罗纪煤系即内陆型煤系。

表 2-1　地质年代表

| 宙(宇) | 代(界) | 纪(系) | 世(统) | 距今年龄/亿年 | 构造运动 | 开始繁殖时期 植物 | 开始繁殖时期 动物 |
|---|---|---|---|---|---|---|---|
| 显生宙(宇) | 新生代(界) | 第四纪 | 全新世 更新世 | | | | 古人类出现 |
| | | 第三纪(系) | 新第三纪 | 上新世 中新世 | 0.03 | 被子植物大量繁殖为成煤提供原始物质 | |
| | | | 老第三纪 | 渐新世 始新世 古新世 | 0.25 | 喜马拉雅运动 | 哺乳动物 |
| | 中生代(界) | 白垩纪(系) | 晚白垩世 早白垩世 | 0.80 | | 被子植物 | |
| | | 侏罗纪(系) | 晚侏罗世 中侏罗世 早侏罗世 | 1.40 | 燕山运动 | 裸子植物极盛为成煤提供原始物质 | |
| | | 三叠纪(系) | 晚三叠世 中三叠世 早三叠世 | 1.95 | 印支运动 | | 爬行动物 |
| | 古生代(界) | 晚古生代 二叠纪(系) | 晚二叠世 早二叠世 | 2.30 | 华力西运动 | 裸子植物 | |
| | | 石炭纪(系) | 晚石炭世 中石炭世 早石炭世 | 2.70 | | 孢子植物极盛为成煤提供原始物质 | 两栖动物 |
| | | 泥盆纪(系) | 晚泥盆世 中泥盆世 早泥盆世 | 3.20 | 加里东运动 | | |
| | | 早古生代 志留纪(系) | 晚志留世 中志留世 早志留世 | 3.75 | | 裸蕨植物 | 鱼类 |
| | | 奥陶纪(系) | 晚奥陶世 中奥陶世 早奥陶世 | 4.40 | | 海藻大量繁殖为石煤的形成提供原始物质 | |
| | | 寒武纪(系) | 晚寒武世 中寒武世 早寒武世 | 5.00 | | | 无脊椎动物 |
| 隐生宙(宇) | 元古代(界) | 震旦纪(系) | 晚震旦世 中震旦世 早震旦世 | 6.20 | 蓟县运动 | | |
| | | 早元古代(界) | | 约16 | 吕梁运动 | 菌藻类 | |
| | 太古代(界) | | | 20 | 五台运动 | | |
| | | | | 45 | 鞍山运动 | | |

## 2.2　煤的形成及工业分类

### 2.2.1　煤的形成

我国采煤和用煤的历史可以追溯到上千年前，人们在煤层及其附近的岩层中发现了植物化石，甚至在煤层中还发现了仍然保留着树干外形的煤炭，因此认为煤的形成与植物有关，即煤是由植物转变而来的。

#### 2.2.1.1　成煤植物

植物是成煤的原始物质。植物分为低等植物和高等植物。低等植物主要是由单细胞或多细胞构成的丝状和叶片状植物体，其最大特点是没有根、茎、叶等器官的分化，构造比较简单，多数生活在水中，如菌类和藻类；高等植物的最大特点是有根、茎、叶等器官的分化，如苔藓植物、蕨类植物、裸子植物、被子植物等。除苔藓植物外，其他植物能形成高大的乔木，具有粗壮的茎和根。在漫长的 45 亿年的地史上，有过三次高等植物的极盛期，即石炭、二叠纪的蕨类植物，三叠、侏罗纪的裸子植物，第三纪的被子植物。这三个时期的高等植物为成煤提供了丰富的原始物质。

由低等植物形成的煤称为腐泥煤。如从元古代一直到早泥盆世之前，是菌藻类低等植物时代，以藻类为原始物质形成的煤就是一种腐泥煤，在我国俗称"石煤"，因其灰分及矿物质含量高，外观似黑色岩石而得名。由高等植物形成的煤称为腐植煤，因其含有大量的腐植酸而得名。在自然界，腐植煤占绝大多数，目前开采的主要也是腐植煤。

#### 2.2.1.2　成煤作用

煤是由植物经过漫长的极其复杂的生物化学、物理化学作用转变而成的。从植物遗体堆积到转变为煤的一系列演变过程称为成煤作用，如图 2-2 所示。

图 2-2　成煤作用阶段划分示意图

**1. 泥炭化阶段**

（1）腐泥化作用

低等植物和浮游生物遗体在湖沼、潟湖和海湾等还原环境中转变成腐泥的生物化学作用称为腐泥化作用。在海湾、潟湖、湖泊及积水较深的沼泽中，由于水流较为平静，低等植物主要是水中浮游生物（包括蓝藻、绿藻和微体动物）以及水底和潜水的植物群，繁殖很快，死亡后遗体沉向水底，然后在缺氧的还原环境中，通过厌氧细菌的作用，低等植物中的蛋白质、碳水化合物、脂肪等物质经过分解和化合等一系列复杂的生物化学作用，形成一种含水很多的棉絮状胶体物质，这种物质再经过进一步变化，与泥沙混合形成腐泥，这个过程称为腐泥化作用。

我国很多南方地区如浙江、江西、湖北、湖南等，在早古生代的某些地层中发现了由腐泥转变而成的煤——"石煤"。在现代的淡水湖沼、咸水湖泊和潟湖海湾中也有腐泥的形成。腐泥可以用作肥料，也可以晒干后用作燃料。

（2）泥炭化作用

高等植物遗体在泥炭沼泽中经过复杂的生物化学和物理化学作用转变成泥炭的过程称为泥炭化作用。

沼泽是常年积水的洼地，具有特殊的环境，一方面，因雨量充沛，气候温暖湿润，有利于植物尤其是高等植物的繁茂；另一方面，由于存在不太深的积水，植物死亡后的遗体沉入水底，被水覆盖得以保存不被氧化，为成煤提供了原始物质。

这种新物质与尚未分解的植物遗体以及由地表流水携入的泥沙混合，形成了泥炭。高等植物死亡后转化成泥炭的生物化学作用过程称为泥炭化作用。

泥炭一般呈黄褐色或黑褐色，无光泽，质地疏松。植物转变为泥炭后，蛋白质全部消失，出现了腐植酸，其次碳含量、氮含量增加，氧含量减少。泥炭风干后可用作燃料；也可用作化工原料；因泥炭中含有大量的腐植酸及氮、磷、钾等元素，所以也可用作重要肥料。

**2. 煤化阶段**

泥炭或腐泥转变为褐煤、烟煤、无烟煤、超无烟煤的物理化学作用称为煤化作用。煤化作用分为煤成岩作用和煤变质作用两个阶段。

（1）煤成岩作用

泥炭或腐泥被掩埋后，在地温、压力等因素的影响下压实、脱水、固结、腐植酸向腐殖质转变而成褐煤的过程称为煤成岩作用。

泥炭被其他沉积物掩盖保存下来后，随着地壳的进一步下降，上面的覆盖物也越来越厚，随着温度、压力逐渐增加，对细菌的生存越来越不利，生物化学作用逐渐停止，取而代之的是复杂的物理化学作用。原来疏松多水的泥炭受到压紧、脱水、胶结、聚合等一系列变化，转变为比重较大、较为致密的褐煤。

（2）煤变质作用

褐煤在地下受相对较高的温度、压力、时间等因素的影响转变为烟煤、无烟煤、天然焦、石墨等的物理化学作用称为煤变质作用。

泥炭形成褐煤后，如果地壳不再沉降，那么煤化作用就可能停止在褐煤阶段。如果地壳继续沉降，褐煤被沉降到较深处时，受到不断增高的温度和压力的影响，引起煤的内部分子结构、物理性质、化学性质等方面的重大变化，最为突出的是煤中的腐植酸全部消失，出现了黏结性，光泽增强，碳含量增加，这时褐煤逐渐变质转化成烟煤。

通常按变质程度由低到高将烟煤划分为六个阶段，即长焰煤、气煤、肥煤、焦煤、瘦煤和贫煤阶段。烟煤的用途最广，化工、炼焦、动力、民用均可，是不可缺少的资源。

如果发生更强的地壳运动或岩浆活动，烟煤受到更高的温度和压力的影响，就可以进一步变质转化为无烟煤。无烟煤因燃烧无烟而得名，有极强的似金属光泽，呈钢灰色，硬度较大。无烟煤主要为民用。

在个别情况下，无烟煤可进一步变质转化为石墨。石墨是一种矿物，已不属于煤的范畴。

### 2.2.2　煤的工业分类

#### 1. 常用的煤质指标

为了满足国民经济和工业生产的需要，国家规定了煤炭的质量指标，常用的指标如下：

（1）水分（$M$）

煤含有水分，煤中水是非可燃成分，其含量的多少与煤的变质程度及外界条件等有关。水分随变质程度而变化，泥炭中水分最大，可达 40%～50%；褐煤次之，一般在 10%～40%；烟煤含量较低，一般为 1%～8%；无烟煤则又有增加的趋势，这是由于无烟煤中的空隙增加所导致。

（2）灰分（$A$）

煤的灰分是指煤中所有可燃物完全燃烧后，煤中矿物质在一定温度下发生一系列分解、化合等复杂反应后剩下的残留物。煤中常见的矿物质主要包括黏土矿物、方解石、黄铁矿、石英及其他硫酸盐、氯化物和氟化物等微量成分。按灰分的高低，将煤分为六级（GB/T 15224.1—2018《煤炭质量分数　第 1 部分：灰分》），见表 2-2。

表 2-2　按灰分划分的煤炭级别

| 级别名称 | 代号 | 灰分范围 $A_d$（%） |
| --- | --- | --- |
| 特低灰煤 | SLA | ≤5.00 |
| 低灰分煤 | LA | 5.01～10.00 |
| 低中灰煤 | LMA | 10.01～20.00 |
| 中灰分煤 | MA | 20.01～30.00 |
| 中高灰煤 | MHA | 30.01～40.00 |
| 高灰分煤 | HA | 40.01～50.00 |

灰分是煤中的有害物质，灰分越高，煤的质量越差。灰分降低热量，增加运输成本，增加出渣量，降低焦炭质量。国家规定，矿井生产的原煤灰分应小于 40%；炼焦用煤的灰分不超过 10%。

（3）挥发分（$V$）

在隔绝空气的条件下，将煤在（900±10）℃下加热 7min 时，煤中的有机质和一部分矿物质会分解成气体和液体（蒸汽状态）逸出，逸出物减去煤中的水分为挥发分，也叫挥发分产率。挥发分不是煤中固有物质，而是煤在特定温度下的热分解产物；它是目前我国煤炭分类的主要指标之一。

根据挥发分可判断煤的变质程度，一般泥炭的挥发分可高达 70%，褐煤为 40%～60%，烟煤为 10%～50%，无烟煤小于 10%。

（4）胶质层厚度（$Y$）

胶质层厚度是指在隔绝空气的条件下，将煤样加热到一定温度，煤中有机质开始软化分解，形成黏稠状胶质体的厚度。胶质层厚度能反映煤的黏结性强弱，胶质层厚度越大，煤的黏结性越强；没有黏结性的煤，加热时不产生胶质体。

煤的胶质层厚度随着煤的变质程度增加而有规律地变化。变质程度很高或很低的煤，胶质层厚度 $Y$ 值很小或为零，即黏结性差或没有黏结性。胶质层厚度是评价煤炼焦性能的主要指标，也是我国煤炭分类的指标之一。

（5）发热量（$Q$）

发热量是煤炭质量的主要指标，发热量是单位质量的煤完全燃烧后所产生的全部热量，单位为 MJ/kg。它对评价煤的燃烧价值有重要意义。煤的发热量大小主要取决于煤中可燃元素（碳、氢）的含量，因而也与煤的变质程度有关，见表 2-3。

表 2-3　不同煤种的发热量

| 煤种 | 发热量/（MJ/kg） |
| --- | --- |
| 褐煤 | 25.1~30.5 |
| 烟煤 | 30.5~32.2 |
| 无烟煤 | 32.2~36.1 |

一般情况下，煤的变质程度越高发热量越大。但是，当烟煤向无烟煤过渡时，氢的含量下降很快，而且氢燃烧时产生的热量是碳的 4 倍，所以有些烟煤的发热量高于无烟煤。另外，水分、灰分等因素同样会影响煤的发热量，灰分高、水分大时，发热量较低。

2. 煤的工业分类

为了合理利用煤炭资源，国家制定了煤炭分类标准，按照新的分类标准，将我国煤炭分为 14 类，见表 2-4。

表 2-4　中国煤炭分类国家标准（GB/T 5751—2009）

| 类别 | 代号 | 数码 | 分类指标 | | | | | | |
| --- | --- | --- | --- | --- | --- | --- | --- | --- | --- |
| | | | $V_{daf}$（%） | $G_{R·I}$ | $Y$/mm | $b$（%） | $H_{daf}^*$（%） | $P_M^{***}$（%） | $Q_{gr,maf}$/（MJ/kg） |
| 无烟煤 | WY | 1 | ≤3.5 | | | | ≤2.0 | | |
| | | 2 | >3.5~6.5 | | | | >2.0~3.0 | | |
| | | 3 | >6.5~10.0 | | | | >3.0 | | |
| 贫煤 | PM | 11 | >10.0~20.0 | ≤5 | | | | | |
| 贫瘦煤 | PS | 12 | >10.0~20.0 | >5~20 | | | | | |
| 瘦煤 | SM | 13 | >10.0~20.0 | >20~50 | | | | | |
| | | 14 | >10.0~28.0 | >50~65 | | | | | |
| 焦煤 | JM | 15 | >10.0~28.0 | >65 | ≤25.0 | （≤150） | | | |
| | | 24 | >20.0~28.0 | >50~65 | | | | | |
| | | 25 | >20.0~28.0 | >65 | ≤25.0 | （≤150） | | | |
| 1/3 焦煤 | 1/3JM | 35 | >28.0~37.0 | >65 | ≤25.0 | （≤220） | | | |

（续）

| 类别 | 代号 | 数码 | 分类指标 | | | | | | |
|---|---|---|---|---|---|---|---|---|---|
| | | | $V_{daf}$（%） | $G_{R \cdot I}$ | $Y$/mm | $b$（%） | $H_{daf}^{*}$（%） | $P_{M}^{***}$（%） | $Q_{gr,maf}$/（MJ/kg） |
| 肥煤 | FM | 16 | >10.0~20.0 | >85* | >25.0 | （>150） | | | |
| | | 26 | >20.0~28.0 | >85* | >25.0 | （>150） | | | |
| | | 36 | >28.0~37.0 | >85* | >25.0 | （>220） | | | |
| 气肥煤 | QF | 46 | >37.0 | >85* | >25.0 | （>220） | | | |
| 气煤 | QM | 34 | >28.0~37.0 | >50~65 | ≤25.0 | （≤220） | | | |
| | | 43 | >37.0 | >35~50 | | | | | |
| | | 44 | >37.0 | >50~65 | | | | | |
| | | 45 | >37.0 | >65 | | | | | |
| 1/2 中粘煤 | 1/2ZN | 23 | >20.0~28.0 | >30~50 | | | | | |
| | | 33 | >28.0~37.0 | >30~50 | | | | | |
| 弱粘煤 | RN | 22 | >20.0~28.0 | >5~30 | | | | | |
| | | 32 | >28.0~37.0 | >5~30 | | | | | |
| 不粘煤 | BN | 21 | >20.0~28.0 | ≤5 | | | | | |
| | | 31 | >28.0~37.0 | ≤5 | | | | | |
| 长焰煤 | CY | 41 | >37.0 | ≤5 | | | | ≤30 | |
| | | 42 | >37.0 | >5~35 | | | | | |
| 褐煤 | HM | 51 | >37.0 | | | | | ≤30 | |
| | | 52 | >37.0 | | | | | >30~50 | ≤24 |

该标准的分类指标包括 $V_{daf}$（干燥无灰基挥发分）、$G_{R \cdot I}$（烟煤的黏结性指数）、$Y$（烟煤的胶质层最大厚度）、$b$（烟煤的奥-阿膨胀度）、$H_{daf}$（干燥无灰基氢含量）、$P_{M}$（煤样的透光率）、$Q_{gr,maf}$（煤的恒温无灰基高位发热量）。

为了适合计算机的应用，该标准还采用数码编号表示煤种。数码编号的十位数表示挥发分的大小，数码越小，挥发分越少；数码编号的个位数对烟煤表示黏结性，数码越小，黏结性越差；对无烟煤和褐煤则表示煤化程度，数码越小，煤化程度越高。

**3. 煤的综合利用分类**

（1）炼焦煤

炼焦是将煤放在干馏炉中，在隔绝空气的条件下加热，随着温度的提高（最终达1000℃左右），煤中有机质开始分解，其中挥发分物质逸出，成为焦炉煤气和煤焦油，残留的不挥发性产物即焦炭。

焦炭是焦化工业的主要产品，产量占焦化产品的78%，是冶金工业的主要燃料和还原剂，主要用于高炉炼铁和铸造等方面，也可用来制造氮肥和电石。常用的炼焦煤包括气煤、气肥煤、肥煤、1/3焦煤、焦煤、瘦煤等。

（2）气化用煤

煤的气化是以氧、水、二氧化碳、氢等为气化介质，经过热化学处理，把煤转变为各种用途的煤气。煤气化后所得的气体产物可用作燃料。目前我国主要是用煤进行干馏生产煤气作为城市气体燃料。

（3）低温干馏用煤

低温干馏是煤在 500~600℃ 的温度下进行干馏，以制取低温焦油，同时生产焦炭和低温焦炉煤气。焦油主要用来制造高级液体燃料及化工产品。

（4）加氢液化用煤

加氢液化是将煤、催化剂和重油混合在一起，在高温高压下使煤中有机质破坏，与氢作用转化成低分子液态和气态产物，进一步加工可得到汽油、柴油等燃料，即通常所说的煤制油技术，该技术对缺油国家来说意义尤为重大。

（5）燃烧用煤

任何煤都可作为工业和民用燃料，这是煤利用价值最低的一种用途，所以一般使用比较低劣的煤。燃烧用煤主要用于火力发电、机车、船舶、其他各种锅炉及民用。

总之，煤的用途有很多。随着近代科学技术的高速发展，新工艺、新方法的广泛应用，煤的综合利用将会进入一个崭新的阶段。

## 2.3 煤层赋存特征与地质构造

### 2.3.1 煤层赋存特征

由于成煤时期条件差异以及地壳运动的影响，煤层赋存状况有很大差别，如煤层厚度、倾角、顶底板岩性、地质构造等；煤层的赋存特征对煤层开采影响极大。

**1. 煤层结构**

煤层结构是指煤层内是否含有较稳定的夹石（矸）层，按此将煤层结构分为简单结构和复杂结构两类。简单结构的煤层中没有稳定的夹石层，但有时含有少量的矸石透镜体。复杂结构煤层中含有较稳定的夹石层，其夹石层数一般为 1 层或 2 层，多时可达数层。由于成煤过程沉积条件的差异，各煤田所含的可采煤层数差异较大，少的仅一层可采，多的可达数十层。

**2. 煤层分类**

煤层厚度是指煤层顶、底板岩层之间的垂直距离。由于成煤过程中的自然条件不同，煤层厚度的差别很大，如图 2-3 所示。有的煤层厚度仅数十毫米，有的厚度超过 200m。例如，内蒙古锡林郭勒煤田煤层的最大厚度超过 280m。

煤层总厚度是指包含矸石夹层在内的煤层顶、底板之间的垂直距离，为各煤分层和夹石层厚度的总和，图 2-3 所示的煤层总厚度为 1.73m。

煤层有益厚度是指煤层总厚度中除去矸石夹层厚度的各煤分层厚度的总和，图 2-3 所示的煤层有益厚度为 1.38m。

煤层可采厚度是指达到国家规定的最低可采厚度以上的煤层厚度或煤分层厚度之和，其中矸石夹层厚度和低于最低可采厚度的煤层不计，图 2-3 所示的煤层可采厚度为 1.1m。

煤层最低可采厚度是指在目前开采技术条件下，可开采的煤层最小厚度。其标准根据国家能源政策和不同地区的资源状况确定。根据开采技术特点，按厚度将煤层分为三类，即薄煤层（厚度<1.3m）、中厚煤层（厚度为 1.3~3.5m）、厚煤层（厚度>3.5m）。

另外，煤层的倾角也是煤层分类的依据，井工开采按照倾角将煤层划分为四类：近水平煤层（倾角<8°）、缓倾斜煤层（8°~25°）、倾斜煤层（25°~45°）和急倾斜煤层（>45°）。结合煤层倾角分类标准，一般地区煤层最低可采厚度标准见表 2-5。

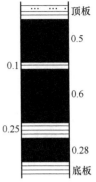

图 2-3　煤层厚度
示意图（单位：m）

表 2-5　一般地区煤层最低可采厚度标准（井工开采）

| 煤种 | 煤层倾角 | | |
| --- | --- | --- | --- |
| | <25° | 25°~45° | >45° |
| 炼焦用煤 | 0.6m | 0.5m | 0.4m |
| 非炼焦用煤 | 0.7m | 0.6m | 0.5m |
| 褐煤 | 0.8m | 0.7m | 0.6m |

## 2.3.2　地质构造

沉积岩层开始形成时，一般呈水平和连续完整状态，在地壳运动的作用下，产生了变形和变位，改变了原有的赋存状态，这种现象称为构造变动。由此形成的岩层空间状态称为地质构造。常见的地质构造为褶曲和断裂。

### 2.3.2.1　岩层的产状要素

岩层在空间的产出状态和方位称为岩层的产状。它反映了岩层在三维空间的存在方位和延展方向，如图 2-4 所示。通常以走向、倾向以及倾角来表示岩层的产状。

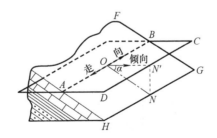

图 2-4　岩层的产状要素

**1. 走向**

岩层面与任一水平面的交线称为走向线（图 2-4 中的 *AOB*）。一个基本平直倾斜的岩层面上可以有无数条平行的走向线。当岩层面是平面时，其走向线为一组水平的直线；当岩层面是曲面时，其走向线为水平的曲线。

走向线两端的延伸方向称为走向。在一个测点上测得的岩层走向可以有两个方位，两者相差 180°。当走向线为直线时，说明岩层面上各点的走向不变；当走向线为曲线时，说明岩层面上各点的走向发生了改变。

**2. 倾向**

在岩层面上过某一点（图 2-4 中 $O$）沿岩层倾斜面向下（或向上）所引的直线（图 2-4 中 $ON$）称为倾斜线，倾斜线在水平面上的投影线（图 2-4 中 $ON'$）称为倾向线，倾向线所指的岩层向地下侧倾的一方称为该点岩层的倾向。走向与倾向相差 90°。

**3. 倾角**

岩层的倾角表示岩层的倾斜程度，是指岩层层面与假想水平面的锐夹角，即倾斜线与其相应的倾向线的锐夹角。

**2.3.2.2 褶曲构造**

岩层在构造应力的作用下，原始产状改变，形成各种弯曲，但岩层仍保持其连续性，称为褶皱构造。岩层褶皱构造中的每一个弯曲称为褶曲，如图 2-5 所示。岩层层面凸起的褶曲称为背斜，岩层层面凹下的褶曲称为向斜。褶皱的要素如图 2-6 所示。

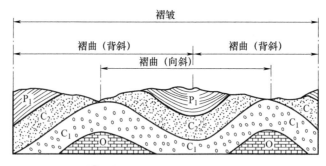

图 2-5 褶皱与褶曲剖面示意图

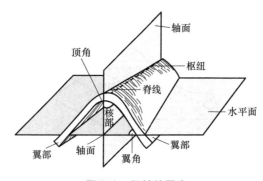

图 2-6 褶皱的要素

核部泛指褶曲的中心部位；翼部泛指核部两侧比较平直的岩层；翼角是指两翼岩层与水平面的夹角，即翼部岩层的倾角；顶角也称翼间角，是指褶曲两翼同一岩层之间的夹角；枢纽是指褶曲中同一岩层面上最大弯曲点的连线；轴面是指平分顶角的面。

### 2.3.2.3  断裂构造

岩层在地壳运动过程中受到力的作用，超过岩体强度极限时发生破坏，失去了连续性和完整性的构造形态称为断裂。按照断裂线两侧的岩体是否出现位移，分为节理和断层。

**1. 节理**

节理是断裂面两侧岩石没有发生明显位移的断裂。根据节理产状与岩层产状的关系，可将节理分为四种，如图 2-7 所示。

1）走向节理：节理走向与岩层走向大致平行。

2）倾向节理：节理走向与岩层走向大致垂直，即与岩层倾向大致平行。

3）斜向节理：节理走向与岩层走向斜交。

4）顺层节理：节理面与岩层层面大致平行。

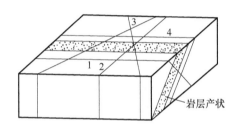

图 2-7  节理的产状分类示意图

1—走向节理  2—倾向节理  3—斜向节理  4—顺层节理

**2. 断层**

断层是破裂面两侧的岩石有明显相对位移的一种断裂构造。断层的分布虽不及节理广泛，但仍是地壳中极为常见的，也是最重要的地质构造。

**（1）断层要素**

断层要素是断层基本组成部分的总称，是用以描述断层空间形态特征的几何要素。主要包括断层面、断层线、断盘、交面线、断距等，如图 2-8 所示。

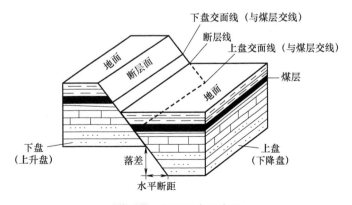

图 2-8  断层要素示意图

1）断层面：岩层断裂发生相对位移总是沿着一定的破裂面进行的，此破裂面称为断层面。断层面的空间位置由其走向、倾向和倾角确定。

2）断层线：断层线是指断层面与地面的交线，也就是断层面在地面上的出露线。断层线可以是直线，也可以是曲线，其形态由断层面形态、断层面产状以及地形起伏状况决定。

3）断盘：断层面两侧相对位移的岩块称为断盘。相对向上移动的岩块称为上升盘；相对向下移动的岩块称为下降盘。当断层面倾斜时，位于断层面上方的岩块称为上盘，位于断层面下方的岩块称为下盘。也可根据断层走向和两盘的相对位置给予命名，如东盘和西盘、北盘和南盘等。

4）交面线：断层面与岩层面（一般取岩层底面）的交线称为交面线。断层面与煤层面的交线称为煤层交面线，又称为断煤交线。

5）断距：断层两盘相对位移的距离称为断距，反映了断层两盘实际相对位移的距离。

（2）断层分类

根据断层两盘相对位移的方向进行分类，如图 2-9 所示。

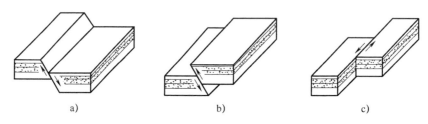

图 2-9　断层的基本类型

a）正断层　b）逆断层　c）平移断层

1）正断层：如图 2-9a 所示，是指上盘相对下降、下盘相对上升的断层。一般认为岩层受水平拉伸作用发生断裂，同时在重力作用下上盘相对下滑即形成正断层。

2）逆断层：如图 2-9b 所示，是指上盘相对上升、下盘相对下降的断层。一般认为岩层受水平挤压作用发生断裂，并在水平挤压力的持续作用下，上盘相对上升即形成逆断层。

3）平移断层：如图 2-9c 所示，是指断层两盘沿断层面做水平方向相对移动的断层。一般认为是岩层受水平扭动作用的产物。其特点是断层多较紧闭；断层面一般直立或近于直立。

实际上，断层两盘相对位移并非只是简单的上下移动或水平移动，大多数断层兼有两种或两种以上不同的移动方式，其组合形式包括正-平移断层、逆-平移断层、平移-正断层、平移-逆断层等。

### 2.3.2.4　岩溶陷落柱

喀斯特陷落柱是喀斯特塌陷的一种类型。它是由于煤层下伏碳酸盐岩等可溶岩层，经地下水强烈溶蚀，形成空洞，从而引起上覆岩层失稳，向溶蚀空间冒落、塌陷，形成桶状或似锥柱状体，故以它的成因和形状取名为喀斯特陷落柱，简称陷落柱，如图 2-10 所示。

#### 2.3.2.5　岩浆侵入体

岩浆侵入煤层，破坏煤层的连续性，减少煤炭储量，并可使煤质变差，降低煤的工业价值。同时，侵入岩体硬度大时，会妨碍采掘工程的顺利进行（图 2-11）。

图 2-10　陷落柱柱面示意图

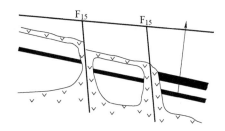

图 2-11　岩浆侵入煤层层面示意图

## 2.4　地质勘探与储量

### 2.4.1　煤田地质勘探

地质勘探是运用地质科学和技术来分析、研究、探测煤矿床。其目的是为煤矿设计、建设和生产提供可靠的地质资料，保证煤炭资源合理、顺利地开发。其主要任务是运用各种地质理论选择相应的技术手段和工作方法，查明地层、地质构造、煤层、煤质、储量及开采技术条件等因素，正确评价煤矿床及与含煤岩系伴生的其他有益矿产。

**1. 煤田地质勘探阶段划分**

煤田地质勘探又称煤炭资源地质勘探，是寻找和查明煤炭资源的地质工作。其目的是寻找煤矿床、圈定煤炭储量，为煤矿设计、建设提供科学依据。

煤田地质勘探阶段又称煤田地质勘探程序。煤田地质勘探工作的整个过程是对煤田从大范围的概略了解到小面积的详细研究过程。对客观地质规律的认识有一定的阶段性，按照这种逐步认识的过程，以及与煤炭工业基本建设各阶段相适应的原则，将煤田地质勘探的程序划分为找煤（初步普查）、普查（详细普查）、详查（初步勘探）、精查（详细勘探）四个阶段。各阶段必须完成其相应的主要任务，见表 2-6。各阶段工作完成后，必须提交相应的地质报告。精查地质报告是矿井设计的依据。

表 2-6　煤田地质勘探各阶段的主要任务

| 勘探阶段划分 | 主要任务 |
| --- | --- |
| 找煤<br>（初步普查） | 寻找煤炭资源，即查明该煤区是否有煤系地层存在，确定含煤组的地层位置，并对该区域的含煤情况做出有无进一步工作价值的评价。如有价值还应确定最宜于做普查的地区 |
| 普查<br>（详细普查） | 对工作地区含煤情况做初步研究，寻找有工业价值的含煤层。勘探结果应对煤田有无开发建设的价值做出评价，为煤炭工业的远景规划和下一阶段的勘探工作提供必要的资料 |

（续）

| 勘探阶段划分 | 主要任务 |
|---|---|
| 详查<br>（初步勘探） | 为矿区总体设计提供地质资料，其勘探成果要保证矿区规模、井田划分不因地质情况而发生原则性重大变化，对影响矿区开发的水文地质条件和其他开采技术条件做出评价 |
| 精查<br>（详细勘探） | 为矿井设计提供可靠地质资料，即满足设计部门选择井筒，确定水平大巷、总回风巷的位置和划分初期采区的需要，保证井田境界和矿井井型不因地质情况而发生重大变化；保证不因煤质资料而影响煤的既定工业用途 |

**2. 煤田智能化地质探测**

**（1）钻探技术**

钻探或勘探是利用深部钻探的机械工程技术，撷取实体样本，用于实验以取得相关数据资料等。钻探是一种最直接的地质探查技术，它具有精度高、直观性强、适应面宽等优点，在构造探测、老空区探测、探放水、火区探测以及其他隐蔽致灾因素探查中发挥着重要作用。定向钻探技术在传统钻探技术的基础上发展而来，可以比较准确地探测地质特性，为建立高精度三维地质模型提供丰富的数据。

**（2）物探技术**

地球物理勘探，简称物探，是一种运用地球物理学原理和方法进行地质勘测和研究的勘探技术。因组成地壳的岩石类型、地质构造和地下水特征等不同而形成了特有的物理场，通过仪器测试，将所测得的数据加以分析，推断出地下地质构造和矿体分布情况。主要有重力勘探、磁法勘探、电法勘探、地震勘探、放射性勘探以及某些参数的物理测井。钻孔地质雷达是地质雷达的一种，具有高精度、高效率、高便捷性等特点，在工作面精细探测中发挥着越来越重要的作用。通过对雷达数据进行处理和成像，能够较准确地分析钻孔周边一定范围内的地质异常体和地层界面。

**（3）槽探**

槽探，又称为探槽，主要用于从地表挖掘的一种槽形坑道，目的是揭露基岩、观察地质现象和取岩、矿样。探槽的横断面通常为倒梯形，其深度一般不超过 3m。探槽的断面规格根据浮土性质及探槽深度而定，设计原则是便于工作和保证安全。探槽广泛应用于工程地质勘察工作中，是工程地质测绘的重要辅助手段，适用于各种地质条件的勘探需求。

## 2.4.2 储量与储量分类

**1. 储量的概念**

煤炭储量是指地下埋藏的具有一定工业价值和经济价值的煤炭资源数量。在不同的勘探阶段，对煤层的形状、厚度、结构、煤质及开采技术条件的掌握程度不同。随着勘探程度的加深，对煤炭储量控制的精确程度也相应提高。

**2. 储量的分类**

矿井资源储量是矿井设计和生产建设的主要依据。长期以来，我国用于评价固体矿产资源储量类型的主要依据是矿产资源的勘探程度。原有的储量分类采用 A、B、C、D 级分类标准，其中，A+B+C 级储量为平衡表内储量，也称为工业储量，可作为矿井投资和设计的依据，包括可采储量和设计损失量，其中可采储量是指工业储量中预计可采出的储量；设计损失量是为了保证采掘生产的安全进行，在矿井设计中，根据国家技术政策规定，允许丢失在地下的能利用储量。D 级储量为远景储量，由于勘探程度低，只能作为地质勘探设计和矿区发展远景规划的依据。

GB 50215—2015《煤炭工业矿井设计规范》对固体矿产资源进行了重新分类，分类结果见表 2-7。

表 2-7　固体矿产资源储量分类

| 地质可靠程度<br>经济意义 | 查明矿产资源 | | | 潜在矿产资源 |
|---|---|---|---|---|
| | 探明的 | 控制的 | 推断的 | 预测的 |
| 经济的 | 开采储量（111） | — | | |
| | 基础储量（111b） | | | |
| | 预可采储量（121） | 预可采储量（122） | | |
| | 基础储量（121b） | 基础储量（122b） | | |
| 边际经济的 | 基础储量（2M11） | — | | |
| | 基础储量（2M21） | 基础储量（2M22） | | |
| 次边际经济的 | 资源量（2S11） | — | | |
| | 资源量（2S21） | 资源量（2S22） | | |
| 内蕴经济的 | 资源量（331） | 资源量（332） | 资源量（333） | 资源量（334） |

注：编码（111N334）说明如下：
　　第 1 位数字表示经济意义：1—经济的，2M—边际经济的，2S—次边际经济的，3—内蕴经济的。
　　第 2 位数字表示可行性评价阶段：1—可行性研究，2—预可行性研究，3—概略研究。
　　第 3 位数字表示地质可靠程度：1—探明的，2—控制的，3—推断的，4—预测的，b—未扣除设计、采矿损失的可采储量。

**3. 矿井资源储量计算**

以勘探地质报告为基础，矿井可行性研究和初步设计阶段的资源储量间的关系如图 2-12 所示，矿井工业资源储量按下列公式计算

$$Z_g = Z_{111b} + Z_{122b} + Z_{2M11} + Z_{2M22} + Z_{333}k \tag{2-1}$$

式中　$Z_g$——矿井工业资源储量；

　　　$Z_{111b}$——探明的资源量中经济的基础储量；

　　　$Z_{122b}$——控制的资源量中经济的基础储量；

　　　$Z_{2M11}$——探明的资源量中边际经济的基础储量；

　　　$Z_{2M22}$——控制的资源量中边际经济的基础储量；

　　　$Z_{333}$——推断的资源量；

　　　$k$——可信度系数，一般取 0.7~0.9，当地质构造简单、煤层赋存稳定时取 0.9，当地质构造复杂、煤层赋存不稳定时取 0.7。

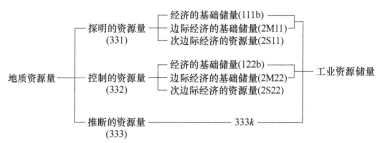

图 2-12　矿井可行性研究和初步设计阶段（基于勘探地质报告）的资源储量间的关系

## 2.5　煤矿地质图基本知识

通过对煤田地质勘探得到的原始资料进行分析、整理编制而成的各种地质图件，统称为煤矿地质图。煤矿地质图是煤田地质勘探的主要成果，是了解煤层赋存条件、地质构造及水文地质等的必要资料，主要包括钻孔柱状图、综合柱状图、煤岩层对比图、勘探线剖面图、井田地形地质图、水平切面图和煤层底板等高线图等。

### 2.5.1　坐标系统

为了准确反映地质图中点的位置，必须使用坐标系统，包括地理坐标和平面直角坐标。

**1. 地理坐标**

采用经度和纬度表示地球上一点的位置称为地理坐标。

**2. 平面直角坐标**

在矿井开采的有限范围内，通常采用平面直角坐标来表示地面点的相对位置。我国现在采用的平面直角坐标系统称为高斯投影法。如图 2-13 所示，从首子午线开始，依次向东按照角度划分分带，可以采用 6 度分带法或 3 度分带法两种。

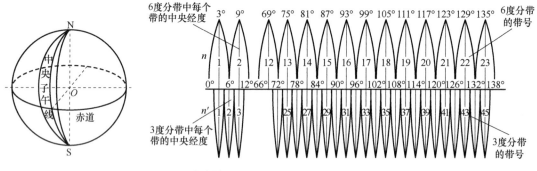

图 2-13　高斯投影分带法示意图

6 度分带法：从 0° 经线起，每 6° 为一个投影带，全球共分为 60 个投影，即东经 0°~6°，6°~12°……依此类推。用阿拉伯数字 1~60 表示每个分带的序号。为避免在测量计算时横坐标出现负值，统一规定将每个带中央子午线向西移 500km，该处的子午线为 $x$ 轴基准线。我国处于北半球的东经 72°~135° 之间（13~23 分带之间），各分带的 $x$、$y$ 坐标值均为正数。

3 度分带法的原理和表示与 6 度分带法相同。

例如，某点在赤道以北 4261.72km，处于 21 带的中央子午线以东 55.3km，则该点横坐标记为 ［21000+（500+55.3）］km，该点纵坐标直接记为 4261.72km。即该点的平面坐标：$x_A = 4261720$，$y_A = 21555300$。

**3. 高程**

空间任一点至基准面的垂直距离称为该点的高程。由于选取的基准面不同，高程分为绝对高程和相对高程，如图 2-14 所示。

绝对高程称为海拔或标高，是该点与大地基准面的垂直距离。我国是以黄海平均海平面高程作为大地基准面。

相对高程是空间一点与假定基准面的垂直距离，如图 2-14 中的 $H_A$ 和 $H_B$。任一点的高程是以假定基准面为准，高于基准面的标高为正，低于基准面的标高为负。

两点间的高程差称为高差，用绝对值表示，图 2-14 中的点 $A$ 与点 $B$ 的高差为 $|H_A - H_B|$ 或 $|H'_A - H'_B|$。

**4. 标高**

在水平投影图上，将投影物各点的标高值标注在各投影点的旁边，用以表示各点与大地基准面（假定基准面）之间的距离，这种方法叫作标高投影（图 2-15）。采用标高投影，在平面图上既可以反映物体的水平投影图形，又可以表明空间位置的高低。因此，标高投影在矿井工程图中广泛应用。

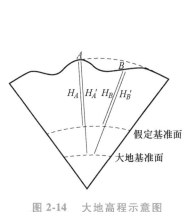

图 2-14　大地高程示意图

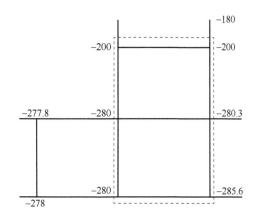

图 2-15　标高投影示意图（单位：m）

## 2.5.2　地形图

反映地表高低起伏形状和地物的图纸称为地形图。地形图中一般用地形等高线反映地貌，用地物符号反映房屋、河流、道路等人工和自然构筑物。等高线是高程相同的若干点连接而成的曲线，或者说是地表面与假设的水平面相截的交线。将高程不同的等高线投影到平面上，并注明各等高线的标高，则形成等高线图（图 2-16）。

由于同一图上等高距相等，所以，平距小的地方，地形坡度就陡；反之，坡度较缓；平距均匀，则表示坡度一致。另外，地形等高线还具有以下特点：

等高线是连接的闭合曲线，如果不在图内闭合，在图外也会闭合。因此，在一般情况下，等高线不能相交或重合。

等高线上任一点向相邻等高线可以作很多线段，投影到水平面上最短的一条线段称为最大倾斜线。等高线与最大倾斜线一般呈直交。

等高线稠密表示坡度陡，稀疏表示坡度缓，均匀则表示坡度相同。

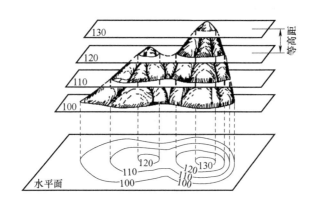

图 2-16　地形等高线示意图（单位：m）

### 2.5.3　煤层底板等高线图

煤层底板等高线是反映某一煤层空间形态特征的图件，是煤矿设计、开掘施工和矿井储量计算的基础。

**1. 根据煤层底板等高线图确定煤层产状**

（1）煤层走向

煤层的走向是煤层层面与水平面交线的延伸方向。因此，煤层层面上的走向线具有等高线的性质，煤层底板等高线的延伸方向就是该煤层的走向。图 2-16 中，煤层底板平整、倾角一致、走向稳定，煤层底板等高线的间距大致相等。如果煤层走向发生变化，则煤层底板等高线出现弯曲。

（2）煤层倾向

由标高相对大的等高线上的一点向标高较小的等高线作垂线，该垂线方向是煤层倾向，如图 2-17 所示，$AB$ 方向为煤层的倾向。

（3）煤层倾角

如图 2-17 所示，在任意两条等高线之间作垂线 $AB$，$AB$ 为两等高线之间的平距 $l$，过 $B$ 点作 $AB$ 的垂线 $BC$，并按照比例取 $BC$ 等于两条等高线高程之差 $h$，连接 $AC$，则 $\alpha$ 为煤层的倾角，倾角的大小为

$$\alpha = \arctan \frac{h}{l} \qquad (2\text{-}2)$$

煤层的倾角变化表现为煤层底板等高线的水平距离发生变化，等高线的平距越大，则煤

层倾角就越小，反之则越陡。疏缓密陡是煤层底板等高线的基本特征。

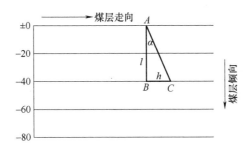

图 2-17　煤层产状示意图（单位：m）

### 2. 褶曲构造在煤层底板等高线图上的表现

煤层的褶曲表现为煤层底板等高线发生弯曲，如图 2-18 所示。等高线均匀平直反映煤层是倾斜的平面状，等高线弯曲反映煤层是起伏变化的褶皱状。若等高线凸出方向是标高升高的方向，则为向斜，如图 2-18a 所示；若等高线凸出方向是标高降低的方向，则为背斜，如图 2-18b 所示。

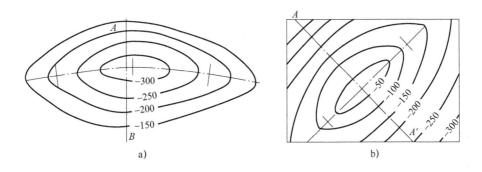

图 2-18　褶曲构造在煤层底板等高线图上的表现（单位：m）
a）向斜在煤层底板等高线图上的表现　b）背斜在煤层底板等高线图上的表现

### 3. 断层在煤层底板等高线图上的表现

煤层受地质构造的影响发生断裂，断层把煤层切断并使其发生位移，其底板不再是连续的面，等高线在断层处中断。在地质图上将上盘煤层与断层面的交线称为上盘断煤交线，用符号"—·—·—"表示；下盘煤层与断层面的交线称为下盘断煤交线，用符号"—×—×—"表示，如图 2-19 所示。

一般情况下，正断层时在煤层底板等高线图上表现为中断，即上、下盘断煤交线之间没有等高线通过，表示煤层缺失，如图 2-19a 所示；当煤层遇到逆断层时，底板等高线在图上表现为中断，上、下盘断煤交线之间互有等高线通过，表示煤层重复，如图 2-19b 所示。

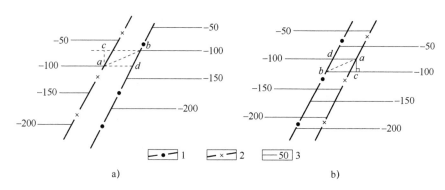

图 2-19　断层在煤层底板等高线图上的表现（单位：m）

a）正断层　b）逆断层

1—断层上盘与煤层的交面线　2—断层下盘与煤层的交面线　3—煤层底板等高线

## 2.5.4　煤矿常用的其他地质图

每一种地质图件只能反映矿井地质现象的一个侧面，只有综合多种地质图件才能比较全面地反映矿井地质及构造的全貌。煤矿常用的地质图件除了地形图、煤层底板等高线图外，还包括地形地质图、地层综合柱状图、地质剖面图等。

### 1. 地形地质图

地形地质图是综合了地形图和地质图，既能反映矿区地表的地形特征和地物分布位置，又可以反映矿区煤、岩的露头分布及地质构造。地形地质图反映的主要内容包括地形等高线、地物分布及各种地质界线，如图 2-20 所示。

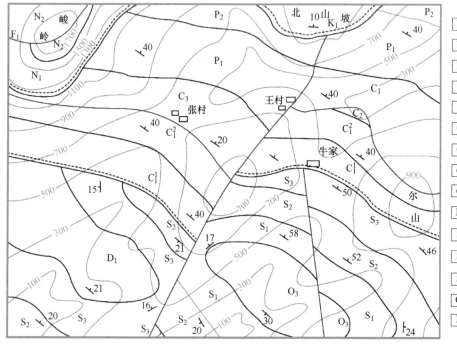

图 2-20　某地区地形地质图（比例尺为 1∶50000）

**2. 地层综合柱状图**

将钻孔所见的地层根据其岩性、厚度及间距等，按先后次序自上而下综合成柱状，称为地层综合柱状图，如图 2-21 所示。

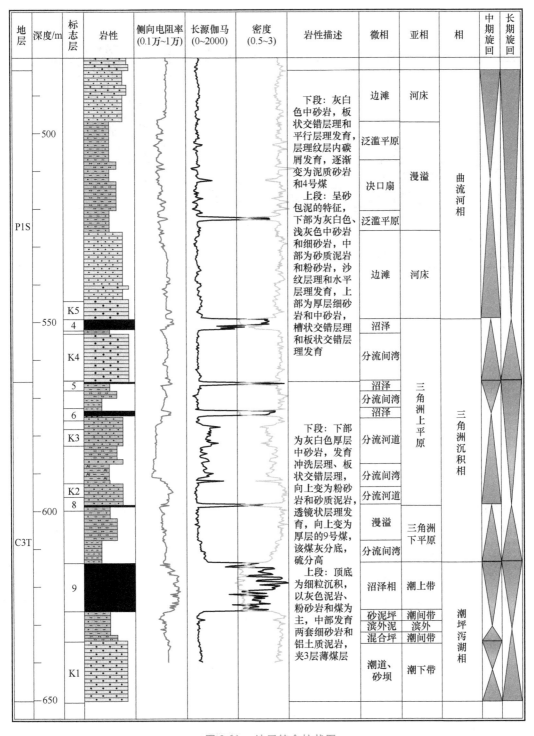

图 2-21　地层综合柱状图

### 3. 地质剖面图

地质剖面图是假设将大地切开，反映切开断面上的煤层或岩层的厚度、层间距、倾角和地质构造特征以及剖面方向的地形起伏等的图件（图 2-22）。

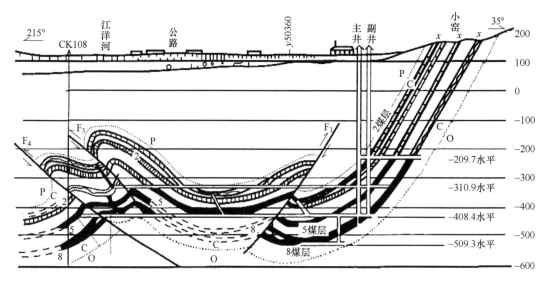

图 2-22  某矿矿井地质剖面图（单位：m）

## 2.5.5  读图

地质图件的种类较多，不同图件反映不同的内容，即使同一类图纸，反映的内容及其繁简程度也不同，因此，读图时应遵循一定的步骤和方法。

**1. 阅读图名、图幅代号、比例尺、编制时间**

图名和图幅代号说明图纸代表的地理位置；比例尺说明实物缩小的程度和地质现象在图上表示的精度；编制时间说明资料利用的新旧情况。

**2. 阅读图例**

图例如同一本书的目录，通过阅读图例及地层综合柱状图，可以了解图纸地区出露地层及其新老关系。图例一般放在图框的右侧，每个图例为长方形，左边注明地质时代，右边注明岩性，方框内注明地层代号、岩性、断层、节理、产状符号等。

**3. 分析图中的地形特征**

根据等高线了解山脉的走向和分水岭所在位置，地形最高点、最低点及相对高差等；分析地形特征和地层分布，地貌发育情况及其与地质构造的关系。

**4. 分析地质内容**

按照先从整体到局部，再从局部到整体的原则了解图内的地质情况，包括地层的分布情况；地层间整合关系；地质构造特征；火成岩的分布情况等。

**5. 寻找平面图中的剖面位置**

应和剖面图对应阅读，了解地质体三维空间的分布和相对关系。

**6. 阅读综合柱状图**

了解区内地质发展史，阅读时应从底部开始向上阅读。

**7. 综合分析**

在综合分析的基础上，了解各种地质现象的相互关系。

## 思 考 题

1. 我国主要含煤地层有哪些？

2. 成煤作用主要包括哪几个阶段？

3. 简述煤的综合利用方式。

4. 思考多煤层开采和单煤层开采在开采影响上可能存在哪些差别？

5. 如何通过煤层底板等高线判断正逆断层、向背斜？

6. 什么是煤炭的工业储量、可采储量和设计损失量？

# 第**3**章
# 井田开拓

根据煤层赋存特征与产状要素，从地表开掘一系列井巷进入煤层，称为井田开拓。井田开拓主要是指地下开采，内容主要包括井田开采范围、边界划分与生产能力确定；井硐形式、数量及位置选择；开采水平数目与水平标高的确定；井底车场形式与主要运输大巷布置；阶段内的划分和开采程序等。智能化开采对矿井开拓提出了新的要求，一般多倾向于系统简单、巷道断面大等特点。

## 3.1 井田开拓的基本问题

### 3.1.1 煤田划分为井田

**1. 煤田、矿区和井田的概念**

（1）煤田

同一地质时期形成，并大致连续发育的含煤岩系分布区，称为煤田。煤田一般范围差别比较大，面积从几十至数万平方千米，储量从数亿吨至数百亿吨。例如，鄂尔多斯煤田面积为 $31172km^2$，探明储量为 $2263×10^8t$，远景储量为 $10000×10^8t$。

（2）矿区

统一规划和开发的煤田或其中一部分，称为矿区。如果煤田范围比较大，可以将同一个煤田划分为一个或多个矿区，如平顶山煤田由平顶山矿区开采，而沁水煤田划分为晋城矿区和潞安矿区。如果煤田较小，可以将多个煤田划分为一个矿区，如六枝、盘江、水城等煤田划分为六盘水矿区。一个矿区一般包含多个矿井。

（3）井田

通常按照地质条件和开采条件划定的由一个矿井开采的范围为井田。煤田划分为井田是矿区总体设计的一项重要任务，划分时应保证井田有合理的尺寸和境界，使煤田各个部分都能得到合理开发。

**2. 煤田划分为井田**

煤田划分为井田时，应该充分考虑储量、煤层赋存状态、地质构造、水文地质条件、开采技术条件、矿井生产能力和开拓方式、地貌地物等因素，进行技术经济比较后确定。要保证井田有合理的尺寸和境界，使煤田各部分都得到安全经济合理的开发。具体划分原则如下：

（1）充分利用自然条件划分

在可能的条件下，尽量利用煤田内大断层、褶曲构造、煤层厚度或倾角变化等自然条件作为井田边界，或者利用河流、铁路、城镇留设的安全煤柱作为井田边界。这样做既相对减少了煤炭损失，提高了资源采出率，又减少了给开采工作造成的困难，还有利于保护地面设施，如图 3-1 所示。

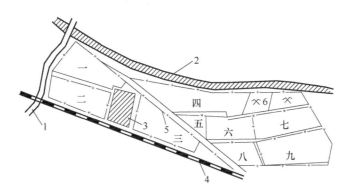

图 3-1　利用自然条件作为井田边界

1—河流　2—煤层露头　3—城镇　4—铁路　5—大断层　6—小煤窑
一至九—矿井

（2）与矿井生产能力相适应

对于生产能力大的矿井，一般智能化程度高、开采强度大，矿井服务年限长，要求井田有足够的储量，井田境界范围应该尽可能大些。相反，生产能力小的矿井服务年限短，其储量可以少一些，井田境界范围可小一些。

（3）保证井田有合理的尺寸

井田划分要保证有合理的形状、尺寸和足够的储量，一般情况下井田的走向长度应大于倾斜长度，并使井田走向长度在合理范围之内。也要考虑留有足够的储量余量，当矿井因产量过大导致服务年限不足时，便于进行矿井扩建或者新建矿井。根据我国煤矿当前开采技术水平，井田走向长度应达到：中型矿井 ≥ 4.0km；大型矿井 ≥ 8.0km；特大型矿井为 10~25km。

（4）统筹兼顾、照顾全局

应处理好与相邻矿井的关系，不能因为一个矿井的划分而影响另外一个井田的合理境界。另外，在井田不受地质条件影响时，应尽可能以直线或者折线作为井田境界，有利于矿井设计和生产管理。

除了利用自然条件作为井田的境界之外，在其他条件不受限制时，经常采用人为划分方法确定井田的境界。常用的人为境界划分方法有垂直划分、水平划分、倾斜划分、按煤组划分及按自然条件划分等。

总之，划分井田时，要力求矿井有合理的开拓方式和采煤方法，便于选定井口位置和地面工业场地；同时尽可能做到矿井井巷工程量小，投资省，建井期短，生产接续稳定，安全可靠，便于实现安全、高效、绿色和智能开采。

### 3.1.2 矿井储量、生产能力及服务年限

**1. 矿井储量**

矿井储量是指井田范围内，通过地质手段查明的符合国家煤炭储量计算标准的可采煤层的全部储量。矿井储量是进行矿井设计、建井、制订生产计划、安排生产接续和矿井远景规划的主要依据。

（1）储量分类

以井田地质精查报告的基础资料为依据，经过可行性评价和按经济意义分类的矿井储量，分为矿井地质储量、矿井工业储量、矿井设计储量、矿井设计可采储量四类。

1）矿井地质储量：地质勘察报告提供的查明的井田煤炭储量。它所表达的是井田地质勘察程度和矿井煤炭资源丰富程度的总体概念。

2）矿井工业储量：地质储量经可行性评价后，其经济意义在边际经济及以上的基础储量及推断的内蕴经济的储量乘以可信度系数之和。

3）矿井设计储量：在经过可行性评价和按经济意义分类的工业储量的基础上减去永久煤柱的损失量。

4）矿井设计可采储量：矿井设计储量减去工业场地和主要井巷煤柱煤量后乘以采区采出率。它是在矿井服务期间可以采出的那一部分储量，其计算式为

$$Z_k = (Z_g - Z_p)C = Z_g(1-P)C \tag{3-1}$$

式中 $Z_k$——矿井设计可采储量（万t）；

$Z_g$——矿井工业储量（万t）；

$Z_p$——全矿性煤柱损失及构造地质和水文地质损失煤量（万t）；

$P$——井田煤柱损失、构造地质和水文地质损失率，一般取5%~7%；

$C$——矿井采区采出率（%）。

一般根据矿井开采煤层情况和国家对采区采出率规定值计算加权平均值。

（2）煤炭资源采出率的规定

GB 50215—2015《煤炭工业矿井设计规范》对采区和采煤工作面的采出率做出了具体规定，地下开采规定如下：

采区采出率：薄煤层不低于85%，中厚煤层不低于80%，厚煤层不低于75%。

工作面采出率：薄煤层不低于97%，中厚煤层不低于95%，厚煤层不低于93%。

在进行矿井设计和生产时，必须严格遵守GB 50215—2015《煤炭工业矿井设计规范》的规定，确保采出率达到规定要求。

**2. 矿井生产能力**

（1）概述

矿井生产能力包括矿井设计年生产能力和矿井核定生产能力两个概念，均以百万吨每

年（Mt/a）为单位。

矿井设计年生产能力：矿井设计说明书中规定的年生产量，一般按照 330d/a、提升时间 16h/d 计算。

矿井核定生产能力：矿井投产后，经过实际测定的矿井各系统能够保障的矿井实际生产能力的最小值，即

$$A = \min\{\text{采掘能力，主副井提升能力，井底车场通过能力，大巷运输能力，通风能力，} \\ \text{排水能力，供电及动力供应能力等}\} \tag{3-2}$$

矿井投产后，每年的实际产量称为矿井年产量。当矿井年产量超过矿井核定生产能力时，部分系统面临超能力生产引发的不稳定或不可靠，对矿井的生产与安全不利。

矿井生产能力是煤矿生产建设的重要指标，是井田开拓的主要参数，也是选择井田开拓方式的重要依据之一。

（2）矿井井型

矿井井型是按矿井设计年生产能力大小划分的，一般分大型、中型、小型矿井三种类型。

大型矿井：生产能力为 1.20Mt/a、1.50Mt/a、1.80Mt/a、2.40Mt/a、3.00Mt/a、4.00Mt/a、5.00Mt/a 及 5.00Mt/a 以上。习惯上称 3.00Mt/a 以上的矿井为特大型矿井。

中型矿井：生产能力为 0.45Mt/a、0.60Mt/a、0.90Mt/a。

小型矿井：生产能力为 0.09Mt/a、0.15Mt/a、0.21Mt/a、0.30Mt/a。

需要特别指出的是，没有介于两个级别之间的设计年生产能力，如 0.50Mt/a。

随着采煤机械制造水平和可靠性的提高，以及管理水平的提升，我国涌现出一批年产千万吨矿井。例如，曹家滩煤矿产能已经核定到 25Mt/a，实际产量超过 30Mt/a，成为全世界单井产量最大的井工煤矿。

（3）矿井生产能力的确定

大型矿井的产量大、技术装备水平高、生产集中、效率高、服务年限长，能长期稳定供应煤炭，是我国煤炭工业的骨干。小型矿井的初期工程量和基建投资少，施工技术要求不太高，技术装备简单，建井工期短，能较快达到设计生产能力。随着技术装备水平的不断提高，目前我国在条件适宜的情况下以建大型矿井为主，限制小型矿井建设。有些省（区）已经关停年产 $30 \times 10^4$t 以下的矿井，停建年产 $120 \times 10^4$t 以下的矿井。矿井生产能力主要根据矿井地质条件、煤层赋存状况、储量、开采条件、设备供应及国家需煤量等因素确定。

**3. 矿井服务年限**

矿井服务年限是指按矿井可采储量、设计生产能力，并考虑储量备用系数计算出的矿井开采年限。矿井服务年限由十几年到百余年不等。

矿井服务年限要与矿井的生产能力相适应。矿井可采储量 $Z_k$、设计生产能力 $A$ 和矿井服务年限 $T$ 三者之间的关系为

$$T = \frac{Z_k}{A \cdot K} \tag{3-3}$$

式中　$K$——矿井储量备用系数，矿井设计一般取 1.3~1.5；

　　　$Z_k$——矿井可采储量（万 t）；

　　　$T$——矿井服务年限（a）；

　　　$A$——矿井设计生产能力（万 t/a）。

当井型一定时，矿井服务年限必须与之相适应，才能获得好的技术经济效果。矿井服务年限长，能有效地利用井巷、地面建筑物和机电设备，充分发挥投资的作用，使分摊到每吨煤的费用减少，同时可避免出现矿井接续紧张的问题。但矿井服务年限长，矿区开发强度低，积压储量与勘探和建设基金不能充分发挥投资效益；井田范围大，矿井的生产经营费用（通风、排水、运输和巷道维护）相应增加；现代采矿新技术飞速发展，设备更新周期为 5~10a，服务年限长，对采用新技术不利。近年来，国内外有矿井服务年限变短的趋势，部分矿井服务年限见表 3-1。

表 3-1　国内外部分矿井服务年限

| 国家 | 矿井名称 | 可采储量/亿 t | 设计生产能力/（万 t/a） | 服务年限/a |
|---|---|---|---|---|
| 中国 | 酸刺沟煤矿 | 10.97 | 1200 | 70 |
| | 西曲煤矿 | 3.43 | 400 | 130 |
| | 麻家梁煤矿 | 26 | 1200 | 82.7 |
| | 塔山煤矿 | 30 | 1500 | 140 |
| | 大柳塔煤矿 | 15.3 | 3300 | 49 |
| | 上湾煤矿 | 8.3 | 1600 | 30.2 |
| | 曹家滩煤矿 | 15.74 | 1500 | 72 |
| | 补连塔煤矿 | 14.3 | 2000 | 63.75 |
| | 小保当一号煤矿 | 14.89 | 1500 | 73.7 |
| | 布尔台煤矿 | 20.16 | 2000 | 71.3 |
| 英国 | 铠林莱煤矿 | 0.8 | 150 | 35 |
| | 塞尔比煤矿 | 6.0 | 1000 | 40 |
| 苏联 | 多尔然煤矿 | 2.0 | 420 | 45 |
| | 红军矿 | 2.5 | 400 | 42 |
| | 萨兰斯卡亚煤矿 | 8.5 | 1100 | 55 |
| 德国 | 瓦恩特矿 | 1.3 | 300 | 30 |
| 美国 | 莫朗二号煤矿 | 0.73 | 220 | 25 |
| | 英斯三号煤矿 | 2.00 | 750 | 25 |
| | 白橡树煤矿 | 3.3 | 650 | 25 |

目前，我国对矿井服务年限的规定如下：

1）新建矿井及其第一开采水平的服务年限不宜小于表 3-2 的规定。

表 3-2 新建矿井服务年限

| 矿井设计生产能力 /(Mt/a) | 矿井服务年限/a | 第一开采水平服务年限/a | | |
|---|---|---|---|---|
| | | 煤层倾角 < 25° | 煤层倾角为 25°~45° | 煤层倾角 > 45° |
| 10.00 及以上 | 70 | 35 | — | — |
| 3.00~9.00 | 60 | 30 | — | — |
| 1.20~2.40 | 50 | 25 | 20 | 15 |
| 0.45~0.90 | 40 | 20 | 15 | 15 |

2）扩建后的矿井服务年限不宜小于表 3-3 的规定。

表 3-3 扩建后的矿井服务年限

| 扩建后的矿井设计生产能力 | 矿井服务年限/a |
|---|---|
| 10.00 及以上 | 60 |
| 3.00~9.00 | 50 |
| 1.20~2.40 | 40 |
| 0.45~0.90 | 30 |

矿井生产能力和服务年限的确定是矿区总体设计中必须解决的关键问题之一。矿井 $A$、$T$、$Z_k$ 的协调关系：第一，在富量煤田中，可先选定 $A$，再确定与之相匹配的 $T$，最后求出必需的 $Z_k$，从而确定合理的井田尺寸；第二，在限量煤田中，$Z_k$ 一定，只能选择一个较合理的 $A$ 与 $T$ 与之相适应。在具体矿井设计中，为寻求矿井合理的 $A$、$T$、$Z_k$ 的关系，要提出若干个方案进行技术经济比较，从中选择较合理的方案。

## 3.1.3 井田再划分

井田沿走向长达数千米甚至数万米，沿倾斜方向长达数百米乃至数千米。这样大面积的煤层不可能同时开采，必须将井田划分为适合开采的较小部分，以便有规律地进行开采，这就是井田的再划分。

### 1. 井田划分为阶段和水平

在井田范围内，沿煤层的倾斜方向，按一定标高把煤层划分为若干个平行于走向的长条部分，每个长条部分具有独立的生产系统，称为一个阶段（图 3-2）。井田的走向长度为阶段的走向长度，阶段上部边界与下部边界的垂直距离称为阶段垂高，一般为 100~250m；阶段的倾斜长度为阶段斜长，一般在 600~1100m 之间，有的达到 1300m 以上。

每个阶段有独立的运输和通风系统。如在阶段下部边界开掘阶段运输大巷（兼作进风巷），在阶段上部边界开掘阶段回风大巷，为整个阶段服务。上一阶段采完后，该阶段的运输大巷作为下一阶段的回风大巷。

阶段运输大巷及井底车场所在的水平位置及服务的开采范围，称为开采水平，简称水平。水平常用标高表示，如图 3-2 所示的 +150m、±0、-150m 等。在生产中，为说明水平位置、开采顺序，相应地称其为±0 水平、−150m 水平等；或分别称为第一水平、第二水平等；又或分别称为运输水平、回风水平等。

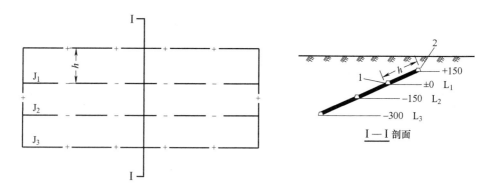

图 3-2　井田划分为阶段（单位：m）

1—阶段运输大巷　2—阶段回风大巷

$J_1$、$J_2$、$J_3$—第一、二、三阶段　$h$—阶段斜长　$L_1$、$L_2$、$L_3$—第一、二、三水平

根据煤层赋存条件和井田范围的大小，一个井田可用一个水平开采，也可用两个或两个以上的水平开采，前者称为单水平开拓，后者称为多水平开拓。

**2. 阶段内的再划分**

阶段内的再划分通常主要有采区式和带区式两种。

（1）采区式划分

在阶段或开采水平内，沿走向划分为具有独立生产系统的开采块段，称为采区。如图 3-3所示，井田沿倾斜划分为 3 个阶段，每个阶段沿走向划分为 4 个采区。

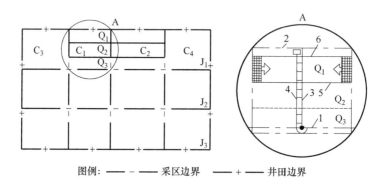

图例：— · — 采区边界　—+— 井田边界

图 3-3　采区式划分

1—阶段运输大巷　2—阶段回风大巷　3—采区运输上山

4—采区轨道上山　5—区段运输平巷　6—区段回风平巷

采区倾斜长度与阶段倾斜长度相等。按采区范围大小和开采技术条件的不同，采区斜长一般为 1000～1500m；采区走向长一般为 1000～5000m。在地质条件简单的现代化矿井，采区的走向长度有的达 6000m 以上。确定采区边界时，应尽量利用自然条件作为采区边界，以减少煤柱损失和开采技术上的困难。

在采区内，若采用走向长壁采煤法，则要沿煤层倾斜方向将采区划分为若干长条形煤带，每个长条形煤带称为区段。区段就是采区内沿倾斜方向划分的开采块段。如图 3-3 所示，采区划分为 3 个区段，每个区段两翼各布置 1 个采煤工作面，工作面沿走向推进。每个区段下部边界布置区段运输平巷，上部边界布置区段回风平巷。各区段平巷通过采区运输上山和轨道上山与开采水平大巷相连，构成生产系统。

（2）带区式划分

在阶段内沿煤层走向划分为若干个具有独立生产系统的带区，带区内又划分为若干个倾斜分带，每个分带布置一个采煤工作面，如图 3-4 所示。分带内，采煤工作面沿煤层倾向（仰斜或俯斜）推进，即由阶段的下部边界向上部边界或者由阶段的上部边界向下部边界推进。一个带区一般由 2~5 个分带组成。

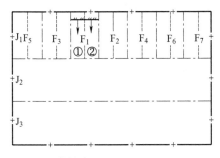

图 3-4　带区式划分

$J_1$、$J_2$、$J_3$—阶段　$F_1$、$F_2$、$F_3$、$F_4$、$F_5$、$F_6$、$F_7$—带区　①、②—分带

分带布置采煤工作面适用于倾斜长壁采煤法，巷道布置系统简单，比采区式布置巷道掘进工程量小，但分带两侧倾斜回采巷道（分带巷道）掘进困难、辅助运输不方便。在煤层倾角较小（<12°）的条件下，使用效果较好。目前，随着相关技术的迅速发展，带区式的应用范围正在扩大，部分矿井已经应用于倾角达到 20°的煤层。

（3）井田直接划分为盘区（或带区）

开采倾角很小的近水平煤层，井田沿倾向的高差很小。这时，上述方法很难划分成若干以一定标高为界的阶段。通常，沿煤层的延展方向布置大巷，在大巷两侧划分成为具有独立生产系统的块段，这样的块段称为盘区，如图 3-5 所示。盘区内巷道布置方式及生产系统与采区基本相同；若划分为带区，则与阶段内的带区式基本相同。

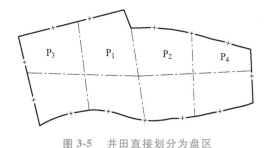

图 3-5　井田直接划分为盘区

$P_1$、$P_2$、$P_3$、$P_4$—第一、二、三、四盘区

采区和盘区的开采顺序一般采用前进式，从井田中央块段到边界块段顺序开采。先开采井田中央井筒附近的采区或盘区，可以减少矿井建设初期工程量及初期投资，使矿井尽快投产。

## 3.2 井田开拓方式

开拓巷道有多种布置方式，开拓巷道在井田内的布置方式，称为开拓方式。一般以矿井井筒形式代表井田开拓方式，可分为立井开拓、斜井开拓、平硐开拓及综合开拓等几种类型。

### 3.2.1 立井开拓

主井、副井均采用立井的开拓方式，称为立井开拓。图3-6所示为立井多水平上山式开拓的示例。井田开采一缓倾斜煤层，煤层赋存较深，表土层较厚。井田沿倾斜分为2个阶段，设2个开采水平；在阶段内沿走向划分为若干个采区。为减少初期工程量，尽快投产，可设中央采区，每个采区再划分为3个区段。

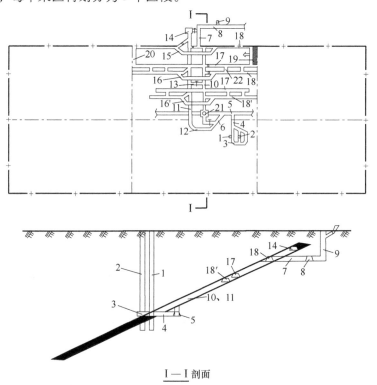

图3-6 立井多水平上山式开拓

1—主立井 2—副立井 3—井底车场 4—阶段运输石门 5—阶段运输大巷 6—采区运输石门
7—采区回风石门 8—阶段回风大巷 9—风井 10—采区运输上山 11—采区轨道上山
12—采区下部车场 13—采区变电所 14—采区绞车房 15—采区上部车场
16、16′—采区中部车场 17—区段运输平巷 18、18′—区段回风平巷
19—采煤工作面 20—开切眼 21—采区煤仓 22—联络巷

**1. 开掘顺序与生产系统**

（1）井巷开掘顺序

在井田中央，自地面向下开掘主立井 1、副立井 2，到达第一阶段运输水平，开掘井底车场 3，连通主立井、副立井风路。再开掘阶段运输石门 4 穿过煤层，在煤层底板岩层中掘进岩石阶段运输大巷 5，向井田两翼延伸。当阶段运输大巷 5 掘至采区中部时，再掘采区运输石门 6 进入采区，然后沿煤层掘进采区运输上山 10、采区轨道上山 11。与此同时，自井田上部边界中央开掘风井 9、阶段回风大巷 8、采区回风石门 7，与采区运输上山 10 和采区轨道上山 11 连通，形成全矿通风系统。

自采区上山依次掘进各区段中部车场 16 与 16′ 及区段运输平巷 17、区段回风平巷 18 与18′、开切眼 20，形成采煤工作面 19。

（2）主要生产系统

运煤系统：采煤工作面采下的煤，经区段运输平巷 17、采区运输上山 10、采区煤仓 21、阶段运输大巷 5、阶段运输石门 4、井底车场 3、主立井 1，提升到地面。

通风系统：新鲜风流从地面经副立井 2、井底车场 3、阶段运输石门 4、阶段运输大巷5、采区运输石门 6、采区下部车场 12、采区轨道上山 11、采区中部车场 16 与 16′，再经区段回风平巷 18 与 18′、联络巷 22、区段运输平巷 17，到达采煤工作面 19。污风流经区段回风平巷 18 与 18′、采区回风石门 7、阶段回风大巷 8、风井 9 排到地面。

排矸系统：采煤工作面 19 所需材料，自地面经副立井 2、井底车场 3、阶段运输石门 4、阶段运输大巷 5、采区运输石门 6、采区轨道上山 11、采区上部车场 15、区段回风平巷 18与 18′，到达工作面。采煤工作面回收的材料、设备及掘进工作面的矸石，用矿车经与运料方向相反的系统运到地面。

排水系统：采区流出的水经阶段运输大巷水沟流入井底车场，汇入水仓，由水泵房的水泵，经副立井的管道排至地面。

矿井以一个水平生产保证矿井产量。第一开采水平结束之前，延深主、副立井筒至第二水平，开掘井底车场等，进行第二水平的开拓和准备。第一水平开始减产，第二水平即投入生产，在上下水平过渡期间，以两个水平同时生产保证矿井产量。

**2. 优缺点及适用条件**

立井开拓与斜井开拓相比，主要优点：井筒短，提升速度快，提升能力大，对辅助提升特别有利；对大型矿井，可采用大断面的井筒，装备 2 套提升设备，增大提升能力；井筒断面大，可满足大风量要求；井筒短，通风线路短，阻力小，对深井更有利。其缺点与斜井开拓的优点相对应。因此，立井开拓的适应性很强，一般不受煤层倾角、厚度、瓦斯、水文等自然条件的限制。

当井田的地形和地质条件不利于采用平硐或斜井开拓时，均可考虑立井开拓。对煤层埋藏较深、表土层厚或水文地质情况较复杂、井筒需要特殊施工或多水平开采急倾斜煤层的矿井，或井田斜长过大，采用立井多水平开拓，对浅部和深部开采均有利。

## 3.2.2 斜井开拓

主井、副井均为斜井的开拓方式，称为斜井开拓。斜井开拓主要分为片盘斜井开拓和集中斜井开拓两大类型。

图 3-7 所示为集中斜井多水平上山式开拓的示例。井田开采一缓倾斜煤层，煤层赋存较浅、表土层薄、水文地质条件简单。井田沿倾斜面划分为 2 个阶段，设 2 个开采水平，每个上山阶段沿走向划分为若干个采区。

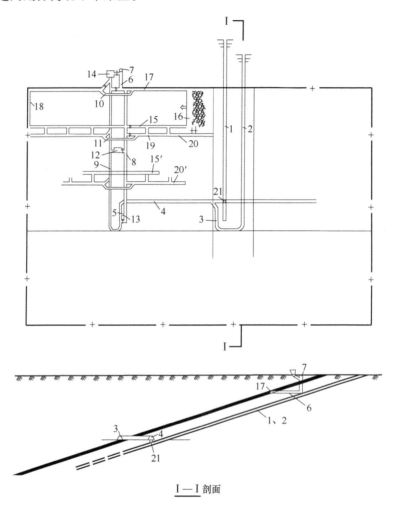

I—I 剖面

图 3-7　集中斜井多水平上山式开拓

1—主斜井　2—副斜井　3—井底车场　4—阶段运输大巷　5—采区运输石门　6—采区回风石门　7—风井
8—采区运输上山　9—采区轨道上山　10—采区上部车场　11—采区中部车场　12—采区变电所
13—采区煤仓　14—采区绞车房　15、15'—区段运输平巷　16—采煤工作面
17、20、20'—区段回风平巷　18—开切眼　19—联络巷　21—井底煤仓

**1. 开掘顺序与生产系统**

**（1）井巷开掘顺序**

在井田中央，自地面向下开掘主斜井 1、副斜井 2，主斜井 1 位于煤层底板岩层中，副斜井 2 位于煤层中。当主、副斜井开掘到第一开采水平标高后，开掘井底车场 3 及井底煤仓 21；然后向井田两翼开掘阶段运输大巷 4，待其掘至采区中部后，掘采区运输石门 5、采区

运输上山 8、采区轨道上山 9 及采区煤仓 13。与此同时，在上部边界开掘风井 7、采区回风石门 6 与采区上山贯通，形成全矿通风系统。

自采区运输上山 8、采区轨道上山 9 掘进区段运输平巷 15、区段回风平巷 17 及开切眼 18，形成采煤工作面 16。

（2）主要生产系统

运煤系统：采煤工作面 16 采下的煤，经过区段运输平巷 15 与 15′ 运输至采区运输上山 8，通过采区煤仓 13、采区运输石门 5、阶段运输大巷 4 运输至井底煤仓 21，最后通过主斜井 1 运输至地面。

通风系统：新鲜风流自地面副斜井 2 进入井底车场 3，再由阶段运输大巷 4、采区运输石门 5 流入采区轨道上山 9，然后进入采区中部车场 11 流入区段回风平巷 20 与 20′、联络巷 19 与区段运输平巷 15、15′进入采煤工作面 16，污风风流由采煤工作面 16、区段回风平巷 17、采区回风石门 6 排至风井 7，最后从地面排出。

材料与排矸系统：材料和设备由副斜井 2 运输至井底车场 3，接着由阶段运输大巷 4 运输至采区运输石门 5，然后通过采区轨道上山 9 进入采区上部车场 10，通过区段回风平巷 17 运输至采煤工作面 16。采煤工作面回收的物料及掘进工作面的矸石沿与材料运输方向相反的线路运到地面。

采用斜井开拓时，一般以一对斜井开拓井田。斜井布置方式应满足井型大小、运输等要求。

斜井提升方法不同时，对井筒倾角要求不同。采用矿车提升时井筒倾角不宜大于 25°，采用箕斗提升时，一般为 25°～35°；采用胶带输送机提升时，井筒倾角一般为 17°；采用无极绳运输的井筒，其倾角不大于 10°。

斜井开拓时，对井筒的通风也有不同的要求，主斜井用胶带输送机运煤时，可兼作进风井，其风速不得超过 4m/s，但不允许兼作回风井。

根据井田地形、地质条件及提升方式不同，斜井井筒可沿煤层、岩层或穿层布置。

沿煤层开斜井具有施工较易、掘进速度快、初期投资较省、掘进出煤可满足建井期间的工程用煤，并且可获得补充地质资料等优点。但井筒维护较困难，保护井筒的煤柱损失较大。因此，煤层埋藏浅、围岩稳定、地质构造简单时可采用沿煤层斜井。

**2. 优缺点及适用条件**

斜井与立井相比，斜井的主要优点：井筒施工技术和施工设备较简单，掘进速度快，地面工业广场构筑物、井筒装备、井底车场及硐室都比立井简单，初期投资少，建井工期短；在多水平开拓时，斜井的石门总长度较用立井开拓时短，因此掘进石门的工程量和沿石门的运输工作量较少；采用新型强力带式输送机，增加了斜井开拓的应用范围，可以布置中央采区，可以节省初期建井工程量，加快矿井建设。胶带机可同时提升几个水平的煤，对上下水平过渡期提煤，或多水平同时生产时提煤都有利。

斜井开拓的主要缺点：在相同条件下，井筒长；沿井筒敷设的管线长度大；围岩不稳固时，井筒维护费用高；当采用绞车提升时，能力低，费用较高；通风线路长，风阻大，费用高；为斜井留置保安煤柱，煤炭损失大；当表土层厚或有流砂层时，斜井井筒施工技术复杂,有时难以通过。

斜井开拓的适用条件:煤层埋藏较浅、表土层不厚、水文地质情况简单、无流砂层、井筒不需特殊施工的缓斜和中倾斜煤层。

### 3.2.3 平硐开拓

利用直通地面的水平巷道进入地下煤层的开拓方式,称为平硐开拓。一般以一条主平硐开拓井田,担负运煤、出矸、运料、通风、排水、敷设管线及行人等任务;在井田上部回风水平开掘回风平硐或回风井(立井或斜井)。

因地形和煤层赋存形态不同,平硐有不同的布置方式。按平硐与煤层的相对位置不同,有走向平硐、垂直平硐及斜交平硐3种方式。图3-8所示为垂直走向平硐开拓的示例,煤层赋存于山岭地区,地形复杂,煤层倾角为8°以下。

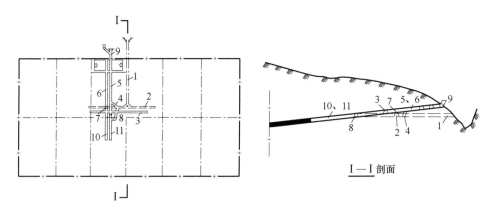

**图 3-8 垂直走向平硐开拓**

1—主平硐 2—主要运输大巷 3—副巷(后期回风) 4—盘区上山下部车场
5—盘区轨道上山 6—盘区运输上山 7—盘区煤仓 8—盘区下山联络巷
9—盘区回风井 10—盘区运输下山 11—盘区轨道下山

走向平硐,即平行于煤层走向布置的平硐,如图3-9所示。采用走向平硐开拓井田时,主平硐一般沿煤层底板岩层掘进。当开采煤层不太厚、围岩稳定时,主平硐也可沿煤层走向开掘。

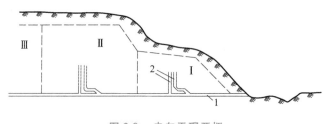

**图 3-9 走向平硐开拓**

1—主平硐 2—盘区上山

当平硐与煤层走向斜交时,称为斜交平硐。斜交平硐增加了平硐岩石工程量。只有当地形和煤层赋存条件受到限制时才适宜采用。

平硐开拓的优点：施工条件较好，施工技术和设备简单，施工速度快，建井工期短；一般不设硐口车场，无须在硐内设水泵房、水仓等硐室，减少许多井巷工程量；不用排水设备，水自动流出硐外，排水费用低，也利于防治水灾；采出的煤不需提升即可由平硐外运，运输环节和运输设备少、系统简单、费用低；地面工业广场内的建筑物较简单，不需要结构复杂的井架和绞车房。

因此，当地形条件适合、煤层赋存在较高的山岭、丘陵或沟谷地区，上山部分的煤炭储量能满足同类井型的水平服务年限要求时，应采用平硐开拓。

### 3.2.4　综合开拓

在复杂的地形、地质及开采技术条件下，采用两种及两种以上相结合的开拓方式，称为综合开拓。综合开拓兼具立井开拓、斜井开拓或平硐开拓的优点，但是系统较为复杂，在一种开拓方式不能满足生产时才会选择综合开拓。

图 3-10 所示为主斜井-副立井综合开拓方式。在井田中央上部边界开掘主斜井到达开采水平，在井田中部开掘副立井同样到达开采水平。

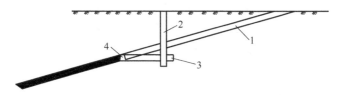

图 3-10　主斜井-副立井综合开拓

1—主斜井　2—副立井　3—井底车场　4—阶段运输大巷

## 3.3　井筒（硐）布置与矿井采掘关系

### 3.3.1　合理的井筒（硐）位置

《煤矿安全规程》规定，每个矿井至少要有两个以上的井筒作为能上、下人的安全出入口。井筒上通地面工业广场，下连井底车场。因此，合理的井筒位置应使井下开采有利，井筒掘进和使用安全可靠，地面工业广场布置合理。

**1. 对井下开采有利的井筒位置**

对井下开采有利的井筒位置应使井巷工程量、井下运输工作量、井巷维护工作量较少，通风安全条件好，煤柱损失小，利于井下开采部署。

**（1）井筒沿井田走向的位置**

井筒沿井田走向的有利位置在井田中央。当井田储量不均匀分布时，应在储量中心附近，以形成较为均衡的双翼井田，尽量避免形成单翼井田。井筒设在井田中央，沿井田走向的井下运输工作量最小；两翼产量、风量分配较均衡，通风网路短，通风阻力小；产量均衡，两翼开采结束的时间较接近，利于开采部署。在具体地质条件和地形等综合因素影响下，井筒位置尽量使两翼较均衡，布置在高级储量地段，使初期投产采区地质构造简单、储量可靠，利于达到设计产量。

（2）井筒沿煤层倾斜的位置

斜井井筒沿煤层倾斜的有利位置主要选择适合的层位和倾角。

立井开拓时，井筒沿煤层倾向位置越靠近浅部，煤柱损失越小；越靠近深部，煤柱损失越大。因此，对单水平开采中倾斜以下煤层的井田，井筒应布置在井田中央或使上山部分略大于下山部分。若用多水平开采中倾斜以下煤层的井田，井筒应布置在沿倾斜中部偏上方的适当位置，并使井筒保护煤柱不占初期投产采区。对急倾斜煤层井田，井筒应靠近煤层浅部，甚至置于煤层底板。对近水平煤层井田，尽量使井筒靠近储量中心。

**2. 对掘进与维护有利的井筒位置**

为使井筒开掘和使用安全可靠，利于维护，井筒应尽可能不穿过或少穿过流砂层、较厚的冲积层及较大的含水层；井筒不应布置在地质破坏较剧烈的地带及易受采动影响的地区；并使井底车场置于较好的围岩之中，利于大容积硐室的掘进与维护。

**3. 便于布置地面工业广场的井筒位置**

井筒位置必须为合理布置地面工业广场创造条件。为此应考虑下述原则：

1）应有足够面积的较平坦的场地，便于布置主、副井及地面生产系统构筑物；利于连接国有铁路；尽量不占良田或少占农田；保护重要文化古迹和园林；避免影响河流、湖泊等水利设施。

2）应有良好的工程地质和水文地质条件，尽可能避开滑坡、溶洞、流砂层等不良地区。

3）应保证矿井安全，井口标高应高于当地历史最高洪水位；井口距森林应有足够的防火距离；避免山崩、雪崩等威胁。

4）应便于供电、供水及交通运输，利于环境保护。

### 3.3.2 矿井采掘关系

**1. 煤层开采顺序**

煤层开采顺序包括煤层内沿走向与倾斜方向的开采顺序和煤层之间的开采顺序。

（1）沿煤层走向开采顺序

1）采区的开采顺序：井田走向长度一般都较长，在阶段内又划分为采区，采区之间的开采顺序分为前进和后退。采区前进式是首先开采靠近井底车场附近的采区，依次向井田边界采区开采；采区后退式则是首先开采井田边界采区，然后依次向井底车场附近采区开采。采区前进式初期开拓工程量较小，建井工期短，减少初期投资；后退式开采初期工程最大，建井工期较长，但可进一步探查煤层情况与地质构造变化特征，减少采掘之间的相互干扰，有利于矿井主要巷道维护，便于回收大巷煤柱。在正常条件下，一般要求选用采区前进式开采顺序。

2）工作面的推进方向：走向长壁开采采煤工作面沿走向方向推进方式主要分为前进式

和后退式。前进式是在采区上山附近布置采煤工作面向采区边界方向推进，随工作面推进，沿空留设工作面的回采巷道；后退式是提前开掘工作面的回采巷道到采区边界，开切眼布置采煤工作面，向采区上山方向推进。前进式开采，沿空留设的巷道受动压影响较大，维护困难，巷道易向采空区漏风，对工作面管理有较大影响。目前我国沿空留巷支护技术不能满足生产要求，采煤工作面主要采用后退式开采。

（2）沿煤层倾向开采顺序

1）阶段间开采顺序：沿煤层倾斜方向划分为阶段，一般采用自上而下的开采顺序，称下行式开采。下行开采先浅后深，初期投资少，矿井投产早，开采技术简单，对下阶段煤层没有影响，正常情况下大都采用阶段下行开采顺序。在近水平煤层，采用单水平上下山开采，上下山两个阶段之间开采相互没有影响，可以同时开采。

2）区段间开采顺序：采区沿倾斜方向划分为区段，布置工作面进行开采。区段之间的开采顺序分为下行式、上行式和混合式（跳采）。

在煤层倾角较大时，需采用下行式开采。如采用上行式，先采下区段可对上区段煤层造成影响。在煤层倾角较小的情况下，可考虑采用上行式开采。在现场上山开采的采区大都采用下行式开采顺序，下山开采的采区采用上行式开采。混合式开采顺序是在采用沿空掘巷时，为保障采区内正常接替采用的开采顺序。跳采留下的区段开采时，四周都是已采的空间，工作面形成孤岛状，开采时动压影响比较大。在条件允许的情况下，应避免采用混合式开采顺序。

（3）煤层之间开采顺序

煤层之间在正常情况下的开采顺序，通常采用先上后下逐渐开采的下行式开采顺序。当上部的煤层有煤与瓦斯突出危险或冲击地压影响时，也可先采下部煤层，使上部煤层瓦斯压力和地压得到释放，减缓上部煤层开采的危险性。采用上行式开采顺序，必须保证有合理的层间距，确保下层煤开采不影响上层煤的完整性。

**2. 矿井的采掘接替**

采煤和掘进是煤矿生产的两个基本环节，矿井的采掘关系一贯坚持"采掘并举，掘进先行，以掘保采，以采促掘"的原则。为保持矿井的稳产高产，必须按一定的开采程序有计划地安排采煤工作面的接替以及巷道掘进。为保障采煤工作面接替在时间和空间上的配合关系，矿井必须制订开采接替计划和巷道掘进工程计划，确保矿井采掘关系平衡。

（1）开采接替计划

矿井开采接替计划是根据矿井地质构造、煤层开采程序、技术装备条件和生产能力，统筹安排矿井开采水平、采区及采煤工作面的开采与接替。开采接替计划主要包括采煤工作面年度接替计划，采煤工作面较长期的接替计划和采区、水平接替计划。

（2）巷道掘进工程计划

巷道掘进工程计划是根据井田开拓方式与采区准备方式，依据开采计划的接替要求和掘进施工技术水平，统筹安排巷道的施工顺序和作业时间，以保证矿井水平、采区和采煤工作面的正常接替。接替时间的基本要求：水平接替要提前 1~1.5 年完成接替水平主要巷道开掘和设备安装工作；采区接替要求提前 1~1.5 月完成采区主要巷道和设备掘进与安装工作；采煤工作面要求提前 10~15 天完成回采巷道掘进与运输巷道运输设备安装调试工作。

## 思 考 题

1. 简述煤田、矿区、井田的区别和联系。
2. 试分析井田阶段内采区、带区和盘区式划分基本概念和适用条件。
3. 试比较立井开拓、斜井开拓、平硐开拓以及综合开拓的优缺点及适用条件。
4. 试述井田开拓未来发展方向。

# 第**4**章
## 巷道掘进与智能化

矿井地下开采需要在煤岩层中开凿大量的井巷和硐室，这些井巷和硐室担负着矿井通风、运输、排水、行人、运料等任务，井工煤矿各类巷道的安全高效掘进和维护是矿井安全建设和生产的前提。我国煤矿新掘进的巷道里程超过 13000km/a，工程量居世界之最。近些年，我国巷道掘进支护技术和装备得到了迅猛发展，采用了大延伸、高强度为特点的系列联合支护技术，巷道施工也基本进入机械化阶段，形成了以悬臂式掘进机、连续采煤机、掘锚一体机、盾构机等为主要代表的多种成熟的机械化作业线，朝着智能化方向前进。

## 4.1 巷道的类型及断面形状

### 4.1.1 巷道的类型

**1. 按照巷道用途划分**

根据巷道作用与服务范围的不同，巷道可以分为开拓巷道、准备巷道和回采巷道。

（1）开拓巷道

开拓巷道是为井田开拓而开掘的基本巷道，是为全矿井或者若干个采区服务的巷道，其服务年限较长，多在 10~30 年，如主井、副井、井底车场、主运输石门、阶段运输大巷、阶段回风大巷、风井等。开拓巷道的作用在于形成新的或扩展原有的阶段或开采水平，为构成矿井完整的生产系统奠定基础。

（2）准备巷道

准备巷道是为准备采区、带区或盘区而开掘的巷道，是在采区、带区或盘区范围，从已开掘好的开拓巷道起，到达区段平巷或分带斜巷的通路，这些通路在一定时期内为全采区、带区或盘区服务，或为数个区段或分带服务，如采区上下山、采区或带区车场、变电所、煤仓等。准备巷道的作用在于准备新的采区、带区或盘区，以便构成采区、盘区或带区的生产系统。

（3）回采巷道

回采巷道是形成采煤工作面及为其服务的巷道，如区段运输平巷、区段回风平巷和开切眼。回采巷道的作用在于切割出新的采煤工作面并进行生产。这类巷道的服务年限比较短，受采煤工作面动压影响显著，并且要求采煤工作面采前保持稳定，采后又能及时垮落。

**2. 按照巷道层位划分**

按照巷道层位划分，巷道可分为岩石巷道、半煤岩巷道和煤层巷道。

（1）岩石巷道

岩石巷道为全部或 80%以上处于岩石中的巷道。岩石巷道一般布置在比较稳定的岩层中，有利于围岩稳定与巷道维护；但巷道掘进成本高，施工速度慢，容易出现大量矸石，给矿井辅助运输造成很大压力。

（2）半煤岩巷道

半煤岩巷道为部分处于煤层中，部分处于岩石中的巷道（断面中岩石面积大于 20%、小于 80%的巷道）。

（3）煤层巷道

煤层巷道为全部或 80%以上处于煤层中的巷道。与岩石、半煤岩巷道相比，一般情况下煤层巷道，特别是煤顶巷道与全煤巷道，支护难度显著增加；但同时有利于机械化开挖，降低了巷道的掘进费用，提高了施工速度，并且掘进出煤也能增加经济效益。

随着巷道围岩控制技术的发展，煤层巷道的占比越来越大。

## 4.1.2 巷道断面形状

我国煤矿井下使用的巷道断面形状，按构成的轮廓不同可分为矩形类巷道断面、梯形类巷道断面、拱形类巷道断面和圆形类巷道断面四大类，如图 4-1 所示。

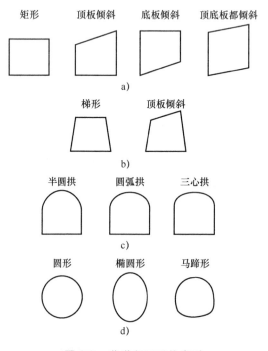

图 4-1 巷道断面形状类型

a）矩形类巷道断面 b）梯形类巷道断面 c）拱形类巷道断面 d）圆形类巷道断面

（1）矩形类巷道断面

矩形类巷道断面的特点是两帮垂直于水平面，包括矩形断面，以及为了适应煤层倾角的顶板倾斜、底板倾斜和顶底板都倾斜的断面。煤层大巷、煤层上下山和集中巷、回采巷道多采用这类断面。

（2）梯形类巷道断面

梯形类巷道断面的特点是底板水平，两帮与水平面呈相同的角度，包括梯形断面，以及为了适应煤层倾角的顶板倾斜的断面。煤层上下山和集中巷、回采巷道可采用这类断面。

（3）拱形类巷道断面

拱形类巷道断面的特点是底板水平、两帮垂直、顶板为弧形，包括半圆拱、圆弧拱和三心拱形断面。岩石大巷、上下山、采区集中巷、半煤岩巷道多采用这类断面。

（4）圆形类巷道断面

圆形类巷道断面包括圆形、椭圆形和马蹄形断面。这类断面只有在其他断面无法保证围岩稳定性的条件下采用，主要用于围岩松软、地压大、变形强烈的矿井主要巷道。

巷道断面分为掘进断面和净断面。未进行支护的毛断面称为掘进断面。支护后的断面称为净断面。确定巷道断面尺寸的主要依据有巷道用途、服务年限、支护方式、运输设备的外形尺寸、轨道数目及有关安全间隙等。

平顶类巷道常用于服务年限短，受动压影响的煤巷或半煤岩巷，如区段平巷、开切眼、采区上下山等采准巷道。其中，梯形类巷道断面利用率高，断面较小，多为架棚支护，常用于围岩稳定、地压不大的巷道。矩形类巷道断面较大，利于工作面通风，常采用组合锚杆配锚索支护，适用于综合机械化采煤工作面平巷和顶板稳定的煤层。不规则形巷道，如倒梯形或多边形巷道，多数适用于保护顶板完整的倾斜煤层中布置的巷道，常用组合锚杆配锚索支护，若遇到破碎顶板时，才使用架棚支护。

拱形类巷道适用于服务年限长、断面大，岩性好的开拓巷道，如斜井井筒、井底车场、运输大巷和石门等。其中，半圆拱形和切圆拱形巷道常用于锚喷支护的岩巷或使用 U 型钢可缩性支架的煤巷；三心拱形巷道断面利用率高，拱高小，常用于架线机车运输的砌碹巷道。

封闭型巷道适用于不稳定岩层或严重底鼓的岩层，常用马蹄形和圆形，多数为砌碹支护，采准巷道可选用 U 型钢可缩性支架挂底梁的封闭支护。

## 4.2　巷道支护

为了保证巷道围岩的稳定，防止围岩垮落或产生过大变形，无法满足正常的生产和安全要求，巷道掘进后都要进行支护。煤矿巷道支护经历了木支护、砌碹支护、型钢支护到锚杆、锚索支护的漫长过程。巷道支护主要分为三种类型：第一类为被动支护形式，包括木棚支架、钢筋混凝土支架、金属型钢支架、料石砌碹、混凝土及钢筋混凝土砌碹等；第二类是以各类普通锚杆支护为主，旨在改善巷道围岩力学性能的积极支护形式，包括锚喷支护、锚网支护等；第三类是以预应力锚杆、锚索和注浆加固为主的主动支护形式。

### 4.2.1　金属支架及常用支护材料

被动支护中的支架支护主要包括木支架和金属支架两类。木支架在煤矿中已被淘汰。金属支架主要包括梯形金属支架、拱形金属支架及封闭曲线形金属支架等形式，均采用矿用特殊钢材制作而成。矿用特殊钢材主要为矿用工字钢、矿用特殊型钢（U 型钢、Π 型钢和特殊槽钢）、轻便钢轨等。钢材做支护材料，具有强度大、使用期长、可多次重复使用、安装容易、耐火性强等特点，必要时也可制成可缩性结构。

**1. 矿用工字钢支架**

热轧矿用工字钢也称钢梁，是截面为工字形的长条钢材，是为矿山使用专门设计的宽翼缘、小高度、厚腹板的工字钢（图 4-2）。工字钢支架主要有梯形刚性支架（图 4-3）和梯形可缩性支架两种，常用矿用工字钢 9 号、11 号、12 号做支护材料，也有用型钢或轻轨做棚梁和棚腿的。其中，梯形刚性支架适用于围岩较稳定、变形量小于 200mm、巷道断面面积小于 $10m^2$ 的巷道。梯形可缩性支架因垂直可缩承载能力小，适用断面小，现场很少使用。

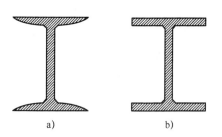

**图 4-2　工字钢与 H 型钢截面对比**

a）工字钢　b）H 型钢

**图 4-3　工字钢梯形刚性支架**

a）一梁二柱支架　b）架设中柱的支架

**2. 拱形可缩性支架**

拱形可缩性支架的主要材料为 U 型钢。矿山常用的 U 型钢包括 U18、U25、U29、U32 和 U36 五种，其中的数字是指每米的质量。主要用于困难条件下的巷道支护。采用 U 型钢制作成三节或四节拱形支架，如图 4-4 所示，其中半圆的拱形可缩性支架承压能力大，适用于顶底板相对移近率为 10%~35% 的回采巷道。三心拱曲腿可缩性支架抗侧压性能好，拱高低，断面利用率高，适用于较高地应力、岩性较差的破碎岩层。

**3. 全断面封闭型可缩性支架**

全断面封闭型可缩性支架主要有马蹄形封闭可缩性支架和圆形封闭可缩性支架（图 4-5）两种。当围岩为松散软弱、淋水大、极破碎、强膨胀地层，并且四周来压、底鼓严重、来压速度快、变形速率大、顶底板移近率大于 35%、3 个月还不稳定时，应采用全断面封闭型可缩性支架。

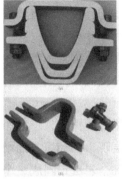

图 4-4　拱形可缩性支架　　　　　　　　　　图 4-4 彩图

图 4-5　圆形封闭可缩性支架　　　　　　　图 4-5 彩图

**4. 其他支护材料**

其他支护材料还包括槽钢、轻便钢轨、混凝土、钢筋、木材、石材、石膏、石灰和水玻璃等材料。

## 4.2.2　锚杆支护

实践表明，锚杆支护可显著提高巷道支护效果，降低巷道支护成本，有利于实现机械化，减轻工人劳动强度。更重要的是，锚杆支护大大简化了采煤工作面端头支护和超前支护工艺，改善了作业环境，保证了安全生产，为采煤工作面的快速推进创造了良好条件。目前，锚杆支护技术已在国内外得到了普遍应用，是煤矿实现安全、高产、高效生产的关键技术之一。

**1. 传统的锚杆支护理论**

传统的锚杆支护理论有悬吊理论、组合梁理论、组合拱（压缩拱）理论、最大水平应力理论。它们都以一定的假说为基础，各自从不同的角度、不同的条件阐述锚杆支护的作用机理。

（1）悬吊理论

悬吊理论认为锚杆支护的作用就是将巷道顶板较软弱岩层悬吊在上部稳定岩层上，以增强较软弱岩层的稳定性，如图 4-6 所示。悬吊理论在分析过程中没有考虑围岩的自承能力，将被锚固体与原岩体分开考虑。如果顶板中没有坚硬稳定岩层或顶板软弱岩层较厚，围岩破碎区范围较大，无法将锚杆锚固到上面坚硬岩层或者未松动岩层时，悬吊理论则不适用。

（2）组合梁理论

组合梁理论认为顶板锚杆的作用，一方面体现在锚杆的锚固力增加了各岩层间的接触压力，避免各岩层间出现离层现象；另一方面增加了岩层间的抗剪刚度，阻止岩层间的水平错动，从而将作用范围内的几个岩层锚固成一个较厚的组合岩梁。这种组合岩梁在上覆岩层荷载的作用下，其最大弯曲应变和应力大大减小，挠度也显著减小，如图 4-7 所示。组合梁理论解释了层状岩体锚杆的支护作用，在分析中将锚杆作用与围岩的自稳作用分开考虑。在顶板较破碎、连续性受到破坏时，组合梁理论则不适用。

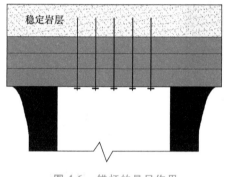

图 4-6　锚杆的悬吊作用

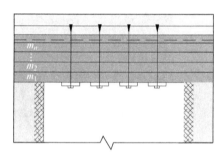

图 4-7　锚杆的组合梁作用

（3）组合拱理论

在弹性体上安装具有预应力的锚杆，能形成以锚头和紧固端为顶点的锥形体压缩区。因此，如果将锚杆沿拱形巷道周边按一定间距径向排列，每根锚杆周围形成的锥形体压缩区彼此重叠连接，便在围岩中形成一个均匀的连续压缩带，如图 4-8 所示。它不仅能保持自身的稳定，而且能承受地压，阻止围岩的松动和变形，这就是挤压加固拱。

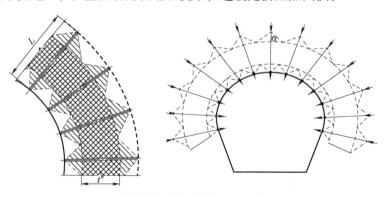

图 4-8　锚杆的挤压加固拱

组合拱理论在一定程度上揭示了锚杆支护的作用机理，但在分析过程中没有深入考虑围岩与支护的相互作用，不能作为准确的定量设计。

（4）最大水平应力理论

最大水平应力理论认为矿井岩层的水平应力通常大于垂直应力，巷道顶底板的稳定性主要受水平应力的影响，与最大水平应力平行的巷道受水平应力的影响最小，顶底板稳定性最好；与最大水平应力垂直的巷道，顶底板稳定性最差。由于最大水平应力基本沿层理方向，岩层容易出现水平错动和离层，以及沿轴向的岩层膨胀（巷道两帮收缩）。锚杆的作用：轴向力约束轴向岩层膨胀、剪切力抑制岩层剪切错动，如图 4-9 所示。

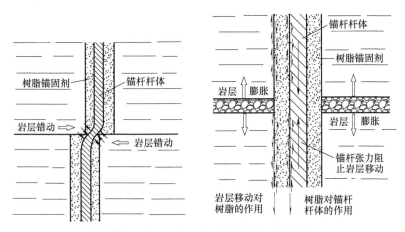

图 4-9　最大水平应力理论的锚杆支护作用

**2. 锚杆支护材料**

锚杆支护材料经历了低强度、高强度到高预应力、强力支护的发展过程。金属杆体从圆钢、建筑螺纹钢发展到煤矿锚杆专用钢材；锚固方式从机械锚固、水泥药卷锚固发展到树脂锚固；支护形式从单体锚杆、网支护发展到锚杆、钢带、网、锚索等多种形式的组合支护，小孔径树脂锚固锚索得到了大面积推广应用。总之，锚杆支护材料向高强度、高刚度与高可靠性方向发展，以确保巷道支护效果与安全，为采煤工作面快速推进与产量提高创造了有利条件。

锚杆的种类多种多样，下面介绍几种常用的锚杆形式。

（1）高强度螺纹钢锚杆

高强度螺纹钢锚杆已大面积推广应用，成为锚杆支护的主要形式，如图 4-10 所示。

高强度螺纹钢锚杆杆体主要有普通建筑螺纹钢杆体、右旋全螺纹钢杆体、左旋无纵筋螺纹钢杆体三种。其中左旋无纵筋螺纹钢杆体在搅拌树脂锚固剂时，左旋螺纹会产生压紧锚固剂的力，有利于增加锚固剂的密实度，提高锚杆的锚固力。

（2）玻璃钢树脂锚杆

玻璃钢树脂锚杆是采用玻璃纤维作为增强材料，以聚酯树脂为基材，在专用拉挤机的牵引下，通过预成型模在高温高压下固化成为全螺纹玻璃纤维增强塑料杆体，再加上树脂锚固剂、托盘和螺母组成玻璃钢树脂锚杆。玻璃钢杆体具有可割性、不会产生火花，具有良好的耐腐蚀性能，可在井下长期使用。因此，玻璃钢树脂锚杆（图4-11）可替代现有煤帮的金属锚杆、木锚杆及竹锚杆等煤帮支护。玻璃钢树脂锚杆杆体尾部连接部位承载力低；杆体承受扭矩小，易扭断，不能施加较大的预应力；杆体延伸率低，巷帮变形较大很容易破断。

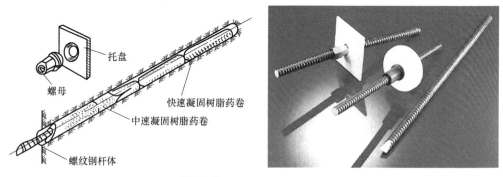

图4-10　高强度螺纹钢锚杆

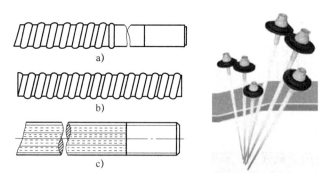

图4-11　玻璃钢树脂锚杆杆体的表面形状

a）麻花式　b）螺纹式　c）粗糙表面式

（3）注浆锚杆

在不稳定围岩中，锚杆支护所能提高的围岩强度达不到围岩稳定所需的强度要求时，过分加大锚杆长度，既不经济，也不实用。如果在锚杆支护的基础上，向围岩中注入浆液，不仅能将松散岩体胶结成整体，还可以将端头锚固变成全长锚固，提高围岩的强度及自承力。注浆锚杆主要有普通内注式注浆锚杆（图4-12）和内锚外注式注浆锚杆（图4-13）两种。

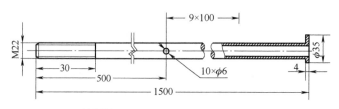

图4-12　普通内注式注浆锚杆结构

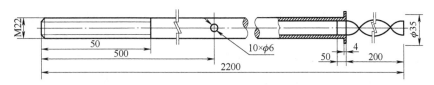

图 4-13　内锚外注式注浆锚杆结构

（4）钻锚注锚杆

钻锚注锚加固技术将钻孔、注浆和锚固功能集于一体。钻锚注锚杆由一次性钻头、中空杆体、连接套管、间隔器、托板和螺母组成，如图 4-14 所示。

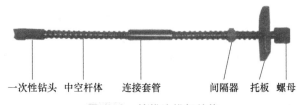

一次性钻头　中空杆体　连接套管　间隔器　托板　螺母

图 4-14　钻锚注锚杆结构

（5）锚索

为扩大锚杆支护的使用范围，充分发挥锚杆支护经济、快速、安全可靠的优点，在大断面、地质构造破坏地段、顶板软弱且较厚、高地应力、综放巷道等困难、复杂的巷道中，为增加锚杆支护的可靠性，可使用锚索进行加强支护，锚索可弯曲，安装的长度不受巷道断面限制。锚索材料主要包括素体、锚具、托板和树脂锚固剂。

小孔径树脂锚固预应力锚索素体材料采用钢绞线。钢绞线为一组钢丝（7 根或 19 根）以螺旋状沿同一根纵轴绕转而成（图 4-15）。

图 4-15　锚索索体结构

锁具是为保持预应力钢绞线的拉力并将其传递到被锚围岩上所用的永久性锚固装置。目前，小孔径树脂锚固预应力锚索的锁具以瓦片式为主。锚索托板最常用的是平托板，由钢板制成，另一种是采用一段槽钢（如 12 号、14 号槽钢）制成。有的矿区还采用工字钢或废旧溜槽制作锚索托板。

**3. 锚杆支护形式**

我国煤矿巷道锚杆支护形式多种多样，常见的有以下几种。

（1）单体锚杆支护

单体锚杆是锚杆支护形式中最简单的一种，没有任何组合构件，每根锚杆单独对煤岩体起支护作用。单体锚杆支护又分零星支护与锚杆群支护。零星支护是在巷道局部位置和地段安设单体锚杆，防止局部围岩变形与冒落；锚杆群支护按一定的参数在巷道围岩中布置锚杆，在锚固区形成支护结构，控制围岩变形与破坏。单体锚杆主要适用于煤岩体完整、稳定，围岩强度较大，围岩结构面不发育，巷道埋藏浅，围岩应力小的简单巷道条件。

（2）锚网支护

锚网支护是在单体锚杆群支护的基础上增加了护表构件——网。根据网强度的不同，支护作用也有区别。钢筋网强度大，不仅可阻止围岩表面的破碎岩块掉落，而且可起到组合锚杆和控制浅部围岩变形的作用，而对于金属网和塑料网，则对锚杆的组合作用和控制浅部围岩变形的作用相对比较差。

锚网支护适用于煤岩体比较稳定、围岩强度较大、围岩中发育一定的节理裂隙等结构面、巷道压力不大的巷道条件。

（3）锚梁（带）网支护

锚梁（带）网支护是锚杆、托梁（钢带）与网的组合支护形式。它充分发挥了托梁（钢带）的组合作用和网的护表作用，适用性更强，支护能力更大。

锚梁（带）网支护适用于围岩强度比较低、结构面较发育、压力较大的巷道条件。

（4）锚梁（带）网索支护

锚梁（带）网索支护在锚梁（带）网支护结构的基础上增加了锚索支护（图4-16）。由于锚索的补强作用，增加了锚杆支护形成的承载结构的稳定性，使更大范围的岩体承载，提高了巷道的安全可靠程度。

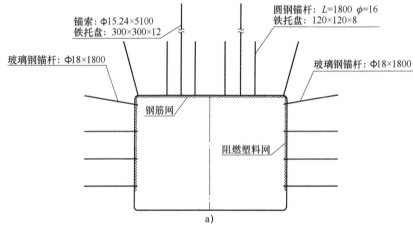

a）

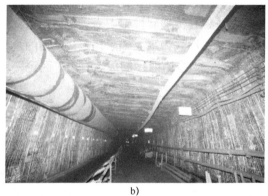

b）

**图4-16　锚梁（带）网索支护断面图及现场效果图**

a）断面图　b）现场效果图

图4-16彩图

锚梁（带）网索支护适用于复杂困难条件的巷道，包括大断面巷道、放顶煤开采涉及的煤顶和全煤巷道、复合顶板和松软破碎围岩巷道、高地应力巷道、受采动和地质构造影响的巷道等。

（5）锚固与注浆加固

锚固与注浆加固是将锚杆、锚索支护与注浆加固有机地结合在一起，充分发挥两种支护加固法的优势，共同保持围岩的稳定。锚固与注浆加固主要有两种形式：一种锚固与注浆加固是分开的，如先注浆，再施工锚杆、锚索；另一种锚固与注浆加固是一体的，如注浆锚杆、注浆锚索，以及钻锚注锚加固技术等。

锚固与注浆加固适用于围岩非常破碎的巷道，如受地质构造影响的破碎带、高地应力松软破碎围岩巷道、巷道底鼓治理、已破坏巷道的维修等。

## 4.3 巷道掘进装备及智能化

### 4.3.1 巷道掘进装备

#### 1. 悬臂式掘进机

悬臂式掘进机是煤巷综合机械化掘进的关键设备，其性能对于提高掘进工效和掘进进尺具有重要作用。按工作机构破落煤岩的方式不同，悬臂式掘进机分为纵轴式掘进机和横轴式掘进机两大类，如图 4-17 所示。通过升降臂上下、水平摆动，配合截割头旋转呈 Z 字形运动轨迹完成一个断面的切割。

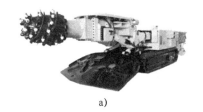 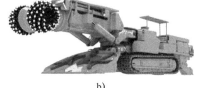 

a) b)

图 4-17 纵轴式和横轴式掘进机

a) EBZ160 型纵轴式掘进机  b) AM50 型横轴式掘进机

图 4-17 彩图

悬臂式掘进机在我国煤矿已普遍使用，发挥了重要作用。但由于是单巷掘进，且采用单体锚杆进行锚杆支护，掘进和支护不能平行作业，影响了掘进速度的进一步提高。

#### 2. 连续采煤机

连续采煤机是一种适用于短壁开采，集截割、装载、转运、移动行走、喷雾降尘于一身的综合机械化开采设备，还能用于巷道掘进。连续采煤机广泛应用于矩形断面的双巷或多巷快速掘进以及短壁开采，已成为现代高产高效矿井的重要设备，如图 4-18 所示。

由于需要较好的煤层赋存条件，不能实现单巷掘进，连续采煤机用于煤巷掘进具有一定的条件限制。

图 4-18　ML340 型连续采煤机　　　　　　图 4-18 彩图

### 3. 掘锚机组

为了实现煤巷快速高效掘进，适应锚杆支护技术的快速发展，世界主要采煤国的快速掘进装备在不断地发展。掘锚机组将掘进与支护有机地组合起来，减少了掘进与支护设备的换位作业时间，可在同一台设备上完成掘进和支护工艺。目前，掘锚机组主要分两种：一种是以连续采煤机为基础的掘锚机组，如图 4-19 所示；另一种是悬臂式掘进机和机载锚杆机的掘锚机组，如图 4-20 所示。

图 4-19　以连续采煤机为基础的掘锚机组　　　图 4-20　悬臂式掘进机和机载锚杆机的掘锚机组

图 4-19 彩图　　　　　　　　　　　图 4-20 彩图

以连续采煤机为基础的掘锚机组按作业方式可分为两类：一类是同时实现掘锚作业的掘锚机组；另一类是先截割后支护的掘锚机组。掘锚机组由于机器庞大，对巷道条件要求高，适用范围较小。

### 4. 盾构机

盾构机是现代隧道工程中最重要的机械装备之一。我国盾构机研制和生产始于 20 世纪 90 年代，在国家大力支持下，盾构机行业取得了长足发展及进步，打破了国外长期垄断局面，目前世界范围内国产盾构机的市场占有率已经达到 70%。

盾构机通过旋转刀盘在地下开挖掘进隧道，其主要部件包括刀盘、履带、推进系统、支撑系统等。在工作过程中，盾构机的推进系统将刀盘向前推进，刀盘在前方挖掘出隧道，同时支撑系统对隧道进行支护，履带则保证盾构机的稳定运行。近些年，盾构机作为一种高效、节能、自动化的掘进设备，在矿山工程中的应用逐渐得到了推广，如图 4-21 所示。盾构机集钻、掘、护、运于一体，能够有效实现长大巷道施工的工厂化作业，有效提高工作效率和掘进质量。此外，盾构机在挖掘时产生的噪声和震动相对较小。盾构机在矿山工程中的应用也存在一定的限制。一方面，盾构机的地质适应能力仍需提高，目前仅适用于简单地质条件；另一方面，盾构机的尾部需要与输送设备相连，体积庞大，对于矿山地下空间比较狭窄和复杂的工作面适应性差。

图 4-21　"潞盾一号"盾构机　　　　　　　　　图 4-21 彩图

## 4.3.2　巷道掘进系统

目前我国常见的煤巷高效掘进方式主要有三类，见表 4-1。第一类是悬臂式掘进机与单体锚杆钻机或机载锚杆钻机配套作业线，得到了广泛应用；第二类是连续采煤机与锚杆钻车配套作业线，在我国神东、万利等矿区及鄂尔多斯地区进行了推广应用，主要掘进机械为连续采煤机，它需要多巷掘进，交叉换位施工；第三类是掘锚机组进行掘锚一体化掘进。

表 4-1　煤巷机械化掘进高效作业线设备配置

| 配套设施 | 特点及适用范围 |
| --- | --- |
| 作业线一：悬臂式掘进机、单体锚杆钻机、桥式转载机、带式输送机、机载除尘设备 | 适用于单巷掘进，适用范围广，掘锚不能平行作业 |
| 作业线二：悬臂式掘进机、机载锚杆钻机、桥式转载机、带式输送机、机载除尘设备 | 适用于单巷掘进，适用范围广，有利于提高支护效率 |
| 作业线三：连续采煤机、梭车、给料破碎机、带式输送机、四臂锚杆钻车、铲车 | 适用于巷道条件较好的大断面双巷或多巷掘进，掘锚交叉作业，掘进速度快 |
| 作业线四：掘锚机组、桥式转载机、带式输送机 | 适用于巷道断面大的单巷掘进，掘锚平行作业，掘进速度快 |

**1. "悬臂式掘进机+单体锚杆钻机"作业线**

我国煤巷"悬臂式掘进机+单体锚杆钻机"作业线普遍应用于各类地质条件、适应性强，量大面广，占比达到 95% 以上（图 4-22）。"悬臂式掘进机+单体锚杆钻机"作业线具有以下特点：

1）割煤效率高、用人少、适应性强。

2）空顶架设临时支护，存在空顶作业、临时支护不可靠的情况，安全性差。

3）普通地质条件锚杆锚索数量多，总钻孔长度大；支护作业空间有限，平行作业钻机台数少，支护时间长；支护机械化程度低，劳动强度大，人员数量多。

图 4-22 "悬臂式掘进机+单体锚杆钻机"作业线　　图 4-22 彩图

**2. "悬臂式掘进机+窄体锚杆钻车"作业线**

为解决单体锚杆钻机工作面临时支护不可靠、工人劳动强度大的问题，近些年有些矿井采用了窄体锚杆钻车（图 4-23），窄体锚杆钻车具有车载临时支架和车载锚杆钻机，大大减轻了工人劳动强度，实现了锚杆支护流程的完全机械化。窄体锚杆钻车利用巷道跨度的空间与悬臂式掘进机进行交替，受巷道空间限制，交叉换位时间长。掘进与支护顺序交替作业，窄型锚杆钻车临时支护范围适用于掘进循环进尺 1～2m，目前月进尺为 300～500m。

图 4-23 景隆重工 CMM2-24 窄体锚杆钻车　　图 4-23 彩图

**3. "悬臂式掘进机+机载锚杆钻机"掘进作业线**

许多矿井采用了"悬臂式掘进机+机载锚杆钻机"掘进作业线，在掘进机上增加临时支护与锚杆钻臂（图 4-24），实现临时支护机械化，在一定程度上降低了劳动强度，提高了掘进效率。但在实际应用中也存在一定的问题，如机载钻机支护范围有限，较难单独完成整个工作面的巷道支护任务；阻挡视线，影响掘进机司机割煤；临时支护范围小，支护强度低等。

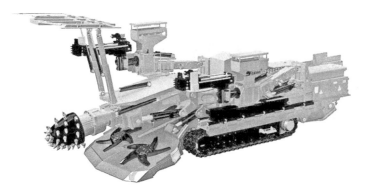

图 4-24　兖州黑豹 EBZ 系列悬臂式掘锚一体机　　　　图 4-24 彩图

**4. "悬臂式掘进机+支锚一体机" 掘进作业线**

有些矿区采用了与悬臂式掘进机协同使用的掘进巷道支锚一体机，如图 4-25 所示，该装备将临时支护与永久支护融为一体，保障巷道安全和高效掘进。掘进巷道支锚一体机采用高强掩护液压支架提供及时临时支护，杜绝空顶作业导致的冒顶伤人问题；掩护支架上配置6~8 台钻机平行作业，液压动力，钻机钻孔速度快；整体运支采用自动化遥控操作，1 人控制 2 台钻机作业，大幅度减少作业人员数量。正常地质条件下月进尺 500~700m。

图 4-25　掘进巷道支锚一体机　　　　图 4-25 彩图

**5. "连续采煤机+锚杆钻车" 掘进系统**

连续采煤机快速掘进技术是我国引进的一种先进快速掘进工艺技术，适用于地质条件简单且围岩完整稳定的矿区。采用双巷或多巷掘进，掘进与支护平行作业，掘进效率高，掘进速度快，月进尺 1000m 以上。

目前主要有两种配套作业线：

（1）作业线 1

连续采煤机+锚杆钻车+梭车+给料破碎机+铲车+带式输送机（图 4-26）。

技术特点：①适用于煤层赋存稳定的近水平中厚煤层；②顶板要求为一般稳定顶板；③底板要求稳固、平整、无积水；④每隔 60~100m 需掘联巷，巷道宽度大于 4.5m。

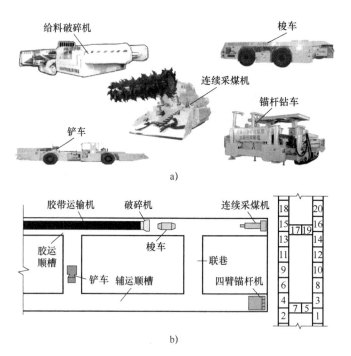

图 4-26　连续采煤机作业线 1 设备组成与工艺设备布置

a）设备组成　b）工艺设备布置

图 4-26a 彩图

（2）作业线 2

连续采煤机+锚杆钻车+连续运输系统+带式输送机+铲车（图 4-27）。

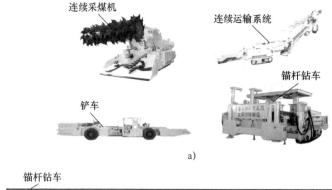

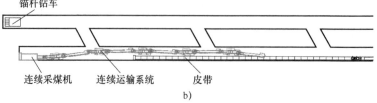

图 4-27　连续采煤机作业线 2 设备组成与工艺设备布置

a）设备组成　b）工艺设备布置

图 4-27a 彩图

技术特点：①适用于赋存稳定的中厚煤层，中等稳定顶板；②适用于煤层倾角在 12°以下，局部坡度不超过 16°；③每隔 60~80m 需掘联巷，巷道宽度在 5.5m 以上。由太原煤科院生产的 LY2000/980-10 型连续运输系统，在神东上湾矿创造了最高月进尺 3247m 的世界纪录。

连续采煤机快速掘进技术当前存在的问题：以双巷及多巷的煤巷掘进为主，需要留设大量煤柱；需要开挖大量联络巷，掘进时需要密闭队配合打临时密闭，回采时需要密闭队配合拆临时密闭，打永久防水防火密闭；顶板必须非常完整，空顶距离大、等待时间长；连续采煤机和锚杆钻车换位频繁，对底板反复碾压，要求底板坚硬；连续采煤机与锚杆钻车在进行交叉换位需要用到大量的调动时间，影响掘进工作效率。

**6. 掘锚一体机掘进系统**

掘锚一体掘进机既能割煤、装运，又能同时打眼、安装锚杆，掘、装、运、支，一次成巷，提高了掘进速度和工作效率。掘锚一体机适用于地质条件简单且围岩完整稳定的矿区，简单地质条件月进尺 800~1200m，部分采用掘锚一体机的煤矿受制于地质条件月进尺不足 300m。

## 4.3.3　巷道掘进智能化

**1. 巷道智能掘进工作面建设的原则和要求**

国家能源局《煤矿智能化标准体系建设指南》要求煤矿智能化遵循分类建设、因矿施策的原则，对于煤层赋存条件相对较简单、具有较好智能化建设基础条件的矿井，应全面开展智能化建设，建设智能快速掘进系统，煤层巷道月进尺大于 1000m，实现巷道掘进过程的远程智能控制；对于建设基础条件一般的智能化煤矿，建设智能快速掘进系统，煤层巷道月进尺大于 500m，巷道掘进过程部分实现智能控制；对于煤层赋存条件相对复杂、智能化建设基础相对薄弱的矿井，主要以减人、增安、提效为目标，建设安全快速掘进系统，煤层巷道月进尺大于 300m。

巷道智能掘进工作面建设的基本要求：

1）巷道掘进应采用适应的全机械自动化作业技术装备，掘进速度满足矿井采掘接替要求。

2）巷道超前探测优先采用智能钻探、物探等技术，掘进数据实现数字化分类与存储，具备三维地质建模功能。

3）煤层条件适宜的掘进工作面，应优先采用掘、支、锚、运、破碎一体化成套技术与装备，通过掘进工作面远程集控平台，实现基于感知信息对掘进工作面进行远程集中控制。

**2. 巷道智能掘进技术**

（1）掘进机远程监控技术

掘进工作面的作业环境恶劣，为消除安全隐患，实现工作面掘进的无人化作业，需要对掘进机进行远程监控。掘进机的远程监控主要是实时监视掘进机的工况信息，自动或手动地根据工况信息控制掘进机实现巷道掘进。远程监控系统能够实现对掘进机的工况数据监视并可以手柄控制掘进机，同时实现对掘进面的视频监视。

（2）掘进机自主定位技术

掘进机自主定位技术是指掘进机机身的定位和定向，检测掘进机在巷道中的位置和姿态的技术。目前掘进机自主定位技术的主要研究方法有以下几种：

1）基于机器视觉的掘进机定位技术。该技术是在掘进机机身上安装特殊的标识物，利用在巷道后方固定的摄像机拍摄含有标识物的图片，通过图像预处理、特征点提取、利用视觉测量原理计算出掘进机坐标系与摄像机坐标系之间的平移量和旋转角。

2）基于激光测距的掘进机定位技术。该技术是将激光发射器或者激光接收器固定安装在巷道中，通过测量发射器与接收器之间的距离，实现掘进机的定位。激光测距方法只能实现直巷道中掘进机位姿测量，且在直巷道中距离不能太长，无法实现掘进机的完全自主定位。

3）基于全站仪的掘进机定位技术。该技术是通过测量仪器到目标点的直线距离以及水平角和垂直角，以全站仪建立坐标系，求解目标点的坐标，以得到掘进机在巷道中的绝对位姿。全站仪虽然测量精度高，但需要单站多点测量，适合测量静态目标，不适合实时测量掘进机的位姿；另外，井下盲巷中环境复杂，会影响全站仪的测量精度。

4）基于超宽带的掘进机定位技术。该技术是利用3个以上已知相对距离的基站对同一目标进行距离测量，通过三角定理计算目标点的位置。该技术中基站的布局会影响掘进机姿态横滚角和俯仰角的测量精度，需要多组基站或者使用其他传感器校正结果。

5）基于惯性导航技术的掘进机定位技术。该技术是通过陀螺仪和加速度传感计测量掘进机的三轴角速度和三轴加速度信息，通过积分运算得到掘进机的姿态与位置信息，是一种不依赖外部信息的自主导航技术。

（3）掘进机智能截割技术

掘进机智能截割技术除了以上提到的自动定位和导航技术，还体现在以下方面：

1）煤岩特性智能识别技术。这项技术是掘进机智能化的重大技术问题，是实现无人化掘进的关键环节。目前的煤岩识别技术主要包括：基于煤层厚度原理的射线、雷达探测法；基于煤岩表面检测原理的表面图像法、激光探测法、红外测温法等；基于切削力原理的驱动电流法、振动频谱法等；基于神经网络的多参数融合法；基于模糊理论的人工智能法等。

2）煤岩自适应截割技术。这项技术是掘进机基于自动定位技术确定自身在巷道中的三维坐标后，依据采掘工艺的要求自主完成整个煤岩截割过程的技术。整个工艺流程包括截割轨迹指定、截割滚筒转速和截割臂摆动速度根据煤岩特性的调整。实现截割滚筒转速调整的主要技术包括变频调速技术、开关磁阻电动机调速电动机技术、双速电动机技术等；截割臂摆动速度的调整可以通过电磁阀控制技术控制截割臂升降油缸来实现。

（4）掘进机状态监视与故障诊断技术

近年来，随着掘进机智能化的不断发展，掘进机的故障诊断技术也得到了长足的进步。从最初的针对掘进机的液压、电气、机械等单独部件的问题，采用信息阈值作为判断故障的条件，发展为针对掘进机的不同问题，越来越多的故障诊断方法被使用，如声发射法、基于数据挖掘技术的决策树诊断法、主成分分析法、专家系统诊断法、神经网络法以及故障树诊断法等。

（5）智能锚护技术

目前，巷道支护是制约快速掘进的主要因素。随着掘进能力的提升，掘快支慢的矛盾越来越突出。神东快速掘进系统通过增加锚杆钻架的数量来缓解这种矛盾，锚杆机配有 8~10 个钻架，掘锚机配有 6 个钻架，整个系统配有 14~16 个钻架，操作工人 4~8 人，平均一个进尺打锚杆时间为 10~15min，该支护速度仅仅能够满足目前的掘进要求。因此，必须研制全自动钻架和全自动锚杆钻车，实现整个锚杆作业工序（钻孔、装药卷、上锚杆、紧固锚杆、锚杆供给）的全部自动化以及辅助工序（铺网）的自动化，提高锚杆支护的速度和效率，并逐步减少人的参与，最终实现锚杆支护无人化，为整个掘进系统的智能化打下基础。

（6）辅助工序自动化技术

快速掘进技术的研究，除需解决掘进与支护的矛盾外，还需解决掘进和辅助工序的矛盾。供水、供电、通风、除尘、辅助运输、带式输送机延伸等辅助工序也是影响巷道掘进效率和速度的制约因素。从时间上讲，辅助作业时间占全天的 1/3；从人力上讲，辅助作业占用较多的人员，且效率低；从安全上讲，辅助作业占用大量人员，必然存在安全隐患，也不符合"机械化换人，自动化减人"科技强安发展理念。因此，有必要考虑将部分辅助作业逐步实现机械化、自动化，从而逐步实现掘进与辅助工序的平行作业。

## 思 考 题

1. 我国煤矿巷道的类型有哪些？
2. 锚杆支护作用原理有哪些？各有什么特点？
3. 简述我国煤矿巷道掘进的装备及特点。
4. 简述我国煤巷掘进机械化作业线及特点。
5. 简要论述我国煤矿巷道智能掘进的现状。
6. 简要概括煤矿巷道智能掘进技术。

# 第**5**章
# 采煤方法与智能化

我国煤炭资源分布广泛，赋存条件多种多样，开采条件各异，因此为了在安全条件下尽可能多地把煤炭资源开采出来，形成了多样化的采煤方法。我国使用的采煤方法近 50 多种，是世界上使用采煤方法最多的国家。随着煤矿智能化进程的推进，智能开采装备与系统的应用越来越广泛，同时也一定程度上促进了充填开采、保水开采等绿色开采技术的发展与进步。

## 5.1 采煤方法的概念与分类

### 5.1.1 基本概念

采煤工艺：由于煤层的自然条件和开采过程中采用的机械设备不同，完成每一道开采工序的方法也就不同，并且在进行的顺序、时间和空间上，必须有规律地加以安排和配合。这种按照一定顺序完成各项回采工作的方法及其在时间与空间上的配合，称为采煤工艺。

采煤生产系统：生产系统是指在正常情况下支持单位日常业务运作的信息流通与管理体系。采煤生产系统是煤炭开采、掘进、机电、运输、通风等几大生产体系的总称。

采煤方法：采煤方法是采煤工艺与采煤系统在时间、空间上相互配合的总称。根据不同的矿山地质及技术条件，有不同的采煤系统与采煤工艺相配合，从而构成多种多样的采煤方法。

### 5.1.2 采煤方法分类

采煤方法的分类方法很多，通常按采煤工艺、矿压控制特点将采煤方法分为壁式体系和柱式体系两大类，如图 5-1 所示。

水力采煤是指利用水力来完成矿井生产的采煤、运输、提升等生产环节的全部或部分工作的开采技术。随着综合机械化、智能化开采技术的推广，水力采煤技术已经退出我国主要采煤方法之列。但是，由于该技术具有工艺简单、装备灵活、生产高效、安全等优点，可以继续探索在不稳定煤层、急倾斜煤层、复采煤层以及煤层赋存不规则的区域或块段使用。

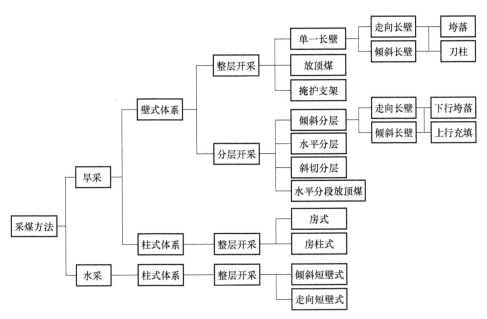

图 5-1　采煤方法分类

**1. 壁式体系采煤方法**

我国是以壁式体系采煤法为主的国家，其产量占井工煤矿原煤产量的 90%以上，壁式体系采煤方法又称长壁体系采煤方法，以长壁工作面采煤为主要标志，其一般特点如下：

1）采煤工作面长度较长，通常在 80m 以上，目前最长可达到 450m，还有进一步增大的趋势。

2）采煤工作面用滚筒式采煤机或刨煤机破、装煤，用与采煤工作面相平行铺设的刮板输送机运煤，用液压支架支护工作空间，用放顶全部垮落法或充填法处理采空区。

3）在采煤工作面两端，一般至少各有一条回采巷道，负责通风和煤炭与材料的运输，构成完整的生产系统。

4）随着采煤工作面的推进，顶板暴露面积增大，矿山压力显现较为强烈。

**2. 柱式体系采煤方法**

柱式体系采煤方法是以房柱间隔进行采煤为主要标志，其一般特点如下：

1）在煤层内布置一系列宽为 5~7m 的煤房（类似于巷道），采煤房时形成窄（短）工作面成组向前推进。房与房之间留设煤柱，煤柱宽数米至二三十米，每隔一定距离用联络巷贯通，构成生产系统，并形成条状或块状煤柱支撑顶板。

2）采煤用爆破或连续采煤机配套设备，采煤在一组房内交替作业。

3）采掘合一，掘进准备也是采煤过程，回收房间煤柱时，也使用同一种类型的采煤配套设备。

4）采煤房时矿山压力显现较和缓，用锚杆支护工作空间，支护较简单。

煤柱可根据条件留下不采，或在煤房采完后，再将煤柱按要求尽可能采出。前者称为房式采煤法，后者称为房柱式采煤法。

　　典型房柱式采煤法的基本特点是采用短工作面推进,将煤柱作为暂时或永久的支撑物,采用连续采煤机、梭车或万向接长运输机、锚杆等配套设备进行采煤。随着工作面(房)的推进,只用较简单的锚杆支架支护顶板,用于防止顶板岩石冒落,如图5-2所示。

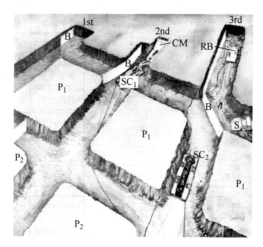

图 5-2　房柱式采煤法示意图

$P_1$、$P_2$—煤柱　CM—连续采煤机　RB—锚杆支护机　$SC_1$、$SC_2$—梭车　B—挡风帷幕　S—铲车

# 5.2　工作面回采工艺与巷道布置

　　目前我国长壁工作面主要采用综合机械化采煤工艺,其中采煤装备的智能化是主要发展方向。

## 5.2.1　综合机械化采煤工艺

### 5.2.1.1　基本概念

　　综合机械化采煤工艺是用采煤机破煤和装煤、可弯曲刮板输送机运煤和自移式液压支架支护顶板的采煤工艺,简称"综采"。综合机械化采煤工作面布置如图5-3所示。

　　综合机械化采煤工作面一般采用双滚筒采煤机,各工序简化为割煤、移架和推移输送机。

### 5.2.1.2　综采割煤、进刀及移架方式

#### 1. 滚筒采煤机割煤方式

　　综合机械化采煤工作面(以下简称"综采工作面")采煤机的割煤方式是综合考虑顶板管理、移架与进刀方式、端头支护等因素确定的,主要有往返一次割两刀煤的双向采煤和往返一次割一刀煤的单向采煤两种。

　　(1)往返一次割两刀煤(双向采煤)

　　这种割煤方式也称为"穿梭割煤",多用于煤层赋存稳定、倾角较缓的综采工作面,工作面为端部进刀。

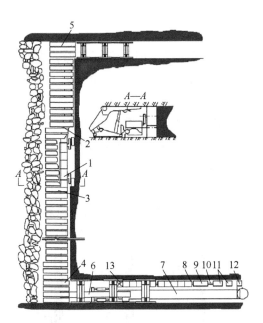

图 5-3　综合机械化采煤工作面布置

1—采煤机　2—刮板输送机　3—液压支架　4—下端头支架　5—上端头支架　6—转载机

7—胶带输送机　8—配电箱　9—乳化液泵站　10—设备列车　11—变电站

12—喷雾泵站　13—集中控制台

（2）往返一次割一刀煤（单向采煤）

这种割煤方式一般为采煤机上行割煤，下行跑空刀装煤，割煤方向与风流方向一致。该方式适用于以下条件：顶板稳定性差；煤层倾角大，不能自上而下移架，或输送机易下滑，只能自下而上推移；采煤机装煤效果差，需单独牵引装煤行程；割煤时产生煤尘多，降尘效果差，移架工不能在采煤机的回风平巷一端工作。

**2. 滚筒采煤机进刀方式**

滚筒采煤机每割一刀煤之前，必须使其滚筒进入煤体，这一过程称为进刀。滚筒采煤机以输送机机槽为轨道，沿工作面运行割煤，其自身无进刀能力，只有与推移输送机工序相结合才能进刀。进刀方式的实质是采煤机运行与推移输送机的配合关系，可分为直接推入法进刀、端部斜切进刀与中部斜切进刀三种方式。

直接推入法进刀由于推移的总质量较大，要开动多台千斤顶同时推移，且需要较大推力，这种进刀方式速度较快，但容易损坏设备和必须人工开切口，仅在早期普采工作面单滚筒采煤机用过这种方式，目前已少用。

端部斜切进刀由于端头作业时间较长，采煤机要长时间等待推移机头和移端头支架，影响有效割煤时间。

采用中部斜切进刀方式可以提高开机率，但采煤机在工作面有一段是跑空刀，且工程质量不易保证，一般在工作面长度较短、端部顶板不太稳定的条件下使用。

**3. 液压支架移架方式**

我国采用较多的移架方式有单架依次顺序式、分组间隔交错式以及成组整体依次顺序式三种，如图 5-4 所示。

（1）单架依次顺序式

支架沿采煤机牵引方向依次前移，移动步距等于截深，支架移成一条直线。该方式操作简单，容易保证规格质量，能适应不稳定顶板，应用较多（图 5-4a）。

（2）分组间隔交错式

将相邻的 2~3 支架分为一组，组内的支架间隔交错前移，相邻组间沿采煤机牵引方向顺序前移，组间的一部分支架可以平行前移。该方式移架速度快，适用于顶板较稳定的高产综采工作面（图 5-4b、c）。

（3）成组整体依次顺序式

该方式按顺序每次移一组，每组 2~3 架，一般由大流量电液阀成组控制，适用于煤层地质条件好、采煤机快速牵引割煤的综采工作面（图 5-4d、e）。

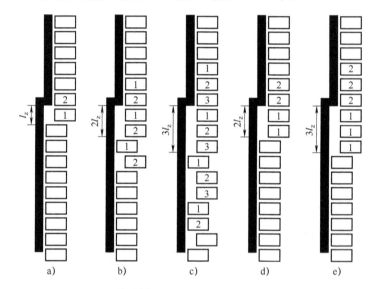

图 5-4 液压支架移架方式

a）单架依次顺序式 b）、c）分组间隔交错式 d）、e）成组整体依次顺序式

**4. 综采工作面工序配合方式**

综采工作面割煤、移架、推移输送机三个主要工序，按照不同顺序有及时支护方式和滞后支护方式两种配合方式。

（1）及时支护方式

采煤机割煤后，支架依次或分组随机立即前移支护顶板，输送机随移架逐段移向煤壁，推移步距等于采煤机截深。这种支架方式工作空间大，有利于行人、运料和通风；但这种支护方式增大了工作面控顶宽度，不利于控制顶板。

（2）滞后支护方式

割煤后输送机首先逐段移向煤壁，支架随输送机前移，两者移动步距相同。这种配合方式在底座前端和机槽之间设有一个截深富余量，能适应周期压力大及直接顶稳定性好的顶板，但对直接顶稳定性差的顶板适应性差，在我国使用较少。

## 5.2.2　采煤工作面循环作业图表

采煤工作面周而复始地完成破煤、装煤、运煤、支护和处理采空区等工序的过程称为采煤循环。综放工作面完成采、放全部工序就算完成一个采煤循环。完成一个循环后采煤工作面推进的距离称为循环进度。采煤工作面一昼夜完成的循环数称为循环方式。

作业方式是采煤工作面一昼夜内采煤班和准备班的配合方式。我国煤矿采煤工作面采用的作业方式见表 5-1。

表 5-1　我国煤矿采煤工作面采用的作业方式

| 作业方式采煤工艺 | 工作制度 |
|---|---|
| 两采一准 | 三八制 |
| 三采三准（三班采煤，采准平行） | |
| 两班半采煤，半班准备 | |
| 三采一准 | 四六制 |
| 四班交叉（每班八小时，两班间重叠两小时） | 四八制 |

劳动组织是指正规循环中生产工人的组织形式和劳动定员。劳动组织与采煤工艺、作业形式、工序安排等有密切关系，合理的劳动组织应有利于完成正规循环，提高产量和效率。

长壁工作面按工种不同，劳动组织形式一般有以下几种：

1）分段作业：把工作面全长分为若干段，把综合工种的工人分成若干组，每组负责一段内的综合工作。

2）追机作业：工作面生产人员按专业分组，跟随采煤机作业，如采煤机司机、挂梁支柱工、推移送机工等。

3）分段追机作业：这种作业方式是上述两种作业方式的组合，将工作面划分为若干段，将工人划分为若干组，每组负责一段内的综合工作，各组轮流接力追机。

采煤工作面的循环方式、作业形式、工序安排及劳动组织最终由循环作业图表体现，包括循环作业图、劳动组织表、技术经济指标表、设备配备表、工作面布置图。

正规循环作业图规定了各作业班的任务和完成任务的时间，它以工作面长度为纵坐标，以一昼夜的时间为横坐标，以不同的线条表示工作面各工序在时间和空间上的关系，图 5-5所示为某综采工作面的循环作业图。

## 5.2.3　走向长壁采煤法巷道布置

图 5-6a 所示为单一走向长壁垮落采煤法示意图。"单一"表示整层开采；"垮落"表示采空区处理时采用垮落的方法。由于绝大多数单一长壁采煤法均用垮落法处理采空区，故一般可简称单一走向长壁采煤法。首先将采（盘）区划分为区段，在区段内布置回采巷道（区段平巷、开切眼），采煤工作面呈倾斜布置，沿走向推进，上、下回采巷道基本上是水平的，且与采（盘）区上山相连。

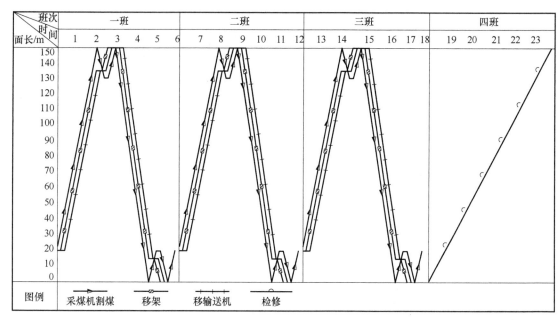

图 5-5　某综采工作面循环作业图

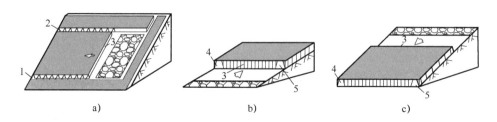

图 5-6　单一走向长壁垮落采煤法示意图

a）走向长壁　b）倾斜长壁（仰斜）　c）倾斜长壁（俯斜）

1、2—区段运输、回风平巷　3—采煤工作面　4、5—分带运输、回风斜巷

**1. 采区巷道布置**

单一走向长壁采煤法上山采区巷道布置如图 5-7 所示。在采区运输石门接近煤层处，开掘采区下部车场。从该车场向上，沿煤层同时开掘轨道上山和运输上山，至采区上部边界后，通过采区上部车场与采区回风石门连通，形成通风系统。

**2. 采区生产系统**

采区生产系统由采区正常生产所需的巷道、硐室、装备、管线和动力供应等组成。

（1）运煤系统

运煤系统是把煤炭从采场内运出，通过一些关联的巷道、井硐，最后运到地面的提升运输路线和手段。运输平巷内多铺设胶带输送机运煤。根据倾角不同，运输上山内可选用胶带输送机、刮板输送机或自溜运输方式。

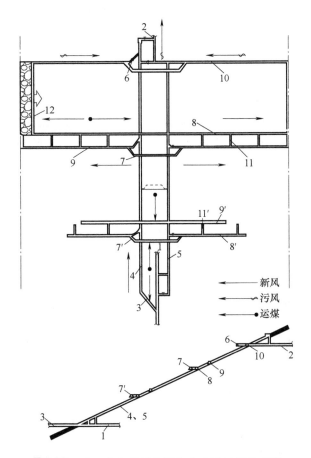

**图 5-7　单一走向长壁采煤法上山采区巷道布置**

1—采区运输石门　2—采区回风石门　3—采区下部车场　4—轨道上山　5—运输上山　6—采区上部车场
7、7′—采区中部车场　8′、9、10—区段回风平巷　8、9′—区段运输平巷
11、11′—区段联络巷　12—采煤工作面

（2）通风系统

矿井通风系统是矿井通风方式、通风方法和通风网络的总称，包括向矿井各用风地点供给新鲜空气、排出污浊气体的通风动力、通风网络和通风设施等。

（3）运料矸石系统

煤矿井下掘进、采煤等场所所需要的材料、设备一般都是从地面从副井经由井底车场、大巷等运输的；而采煤工作面回收的材料、设备和掘进工作面运出的矸石又要由相反的方向运出地面，这就形成了运料矸石系统。

（4）供电系统

供电系统是由电源系统和输配电系统组成的，用于产生、供应和输送电能的系统。

（5）压气和供水系统

压气系统，也称为压缩空气系统或压风系统，是指为煤矿井下提供压缩空气的一系列设备和管路的总称。供水系统是指煤矿地下采矿过程中为保证生产和生活用水而建立的管网系统。这个系统的主要组成部分包括水源、进水管道、水池、泵站、输水管道、公用水池和分配管道等。

## 5.2.4 倾斜长壁采煤法巷道布置

倾斜长壁采煤法，首先将井田或阶段划分为带区，在带区内布置回采巷道（分带斜巷、开切眼），采煤工作面呈水平布置，沿倾斜推进，两侧的回采巷道是倾斜的，并通过联络巷直接与大巷相连。采煤工作面向上推进称为仰斜长壁开采（图 5-6b）；向下推进称为俯斜长壁开采（图 5-6c）。

一般在开采水平，沿煤层走向方向，根据煤层厚度、硬度、顶底板稳定性及走向变化程度，在煤层中或岩层中开掘水平运输大巷和回风大巷。在水平大巷两侧沿煤层走向划分为若干分带，由相邻较近的若干分带组成，并具有独立生产系统的区域叫作带区。由两个分带组成的单一煤层相邻两分带带区巷道布置如图 5-8 所示。

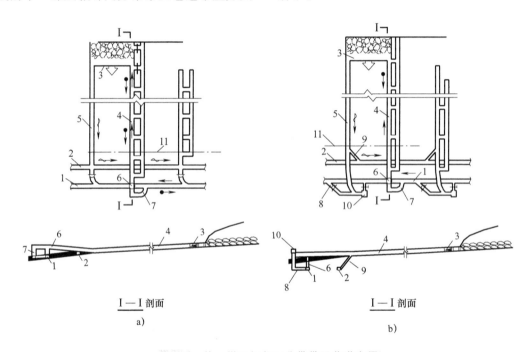

图 5-8　单一煤层相邻两分带带区巷道布置

a）双煤层大巷　b）双岩石大巷

1—运输大巷　2—回风大巷　3—采煤工作面　4—工作面运输进风斜巷　5—工作面回风运料斜巷
6—煤仓　7—进风行人斜巷　8—材料车场　9—回风斜巷　10—绞车房　11—工作面停采线

## 5.2.5 厚煤层采煤方法

从我国煤炭储量分布情况来看，厚煤层储量在我国煤炭储量中约占 44%，其产量比重约为 45%，厚煤层的开采技术在我国煤炭工业发展中占据十分重要的地位。对于厚煤层的开采，目前主要有大采高采煤和放顶煤采煤两种方法。

#### 5.2.5.1　大采高采煤法

随着国内外煤机制造业技术进步，大采高采煤法在我国逐渐得到推广应用。根据 MT/T 550—1996《大采高液压支架技术条件》规定，最大采高大于或等于 3.8m，用于一次采全高工作面的液压支架称为大采高液压支架，对应的回采工作面称为大采高工作面。2021 年，我国多家企业推出了 ZY29000/45/100D 型掩护式液压支架，最大支撑高度为 10m，支架中心距为 2.4m，单个液压支架质量为 122~130t（图 5-9）。

图 5-9　ZY29000/45/100D 超大采高液压支架

图 5-9 彩图

在合适的煤层地质条件下（如煤层倾角较小、煤层硬度较大、煤层厚度在 4~10m 之间、煤层顶底板较平整、地质构造不发育等情况），大采高综采技术是一种具有发展潜力的新工艺。

**1. 大采高采煤的技术特点**

采用长壁开采方法，由煤层中开掘的运输和通风巷道、采煤工作面和回风运料巷道组成了采区开采系统。安装在采煤工作面的大功率综合机械化装备完成破煤、装煤、运输和顶板支护等工艺。其中，双滚筒式采煤机破煤和装煤、刮板输送机运煤、高工作阻力双柱掩护式液压支架支护工作面顶板，并移设工作面设备，实现了生产过程的全部机械化。

大采高综采工作面的特点是支架高度大、采煤机功率大、需安装强力刮板输送机和相应的大断面巷道及辅助设备，其一次性投资较大，对井型及井下巷道、硐室的尺寸要求较高，但具有产量大、效率高、回收率高、井下布置简单、适用于集中生产等特点。

**2. 大采高工作面开采的主要技术措施**

（1）防止煤壁片帮及架前漏顶的措施

采煤机割煤后及时擦顶带压移架，并立即打开护帮板，必要时临时支护顶板，以减少支架梁端距煤壁的距离，并及时伸出护帮板支撑煤壁；尽量加快工作面推进速度；采用木锚杆、树脂可切割锚杆加固煤壁；用聚氨酯或其他化学树脂进行煤壁注浆加固煤壁，增加煤体强度；在开采部署允许的条件下尽量采用俯斜开采方式；提高液压支架的初撑力和工作阻力。

（2）大采高液压支架的防倒防滑措施

严格控制采高，尽量做到不留顶煤，使支架直接支撑于顶板。当顶板出现冒顶时，应及时在支架顶部用木料接顶、背严刹紧，以便有效地控制顶板，避免支架架空；对工作面排头、排尾的三架液压支架，用顶梁千斤顶、底座及后座千斤顶进行整体锚固，防止倒架。当工作面倾角较大时，中部支架要增设防倒千斤顶，当工作面倾角大于10°时，可在每10架液压支架范围内增设一个斜拉防倒千斤顶。

**3. 大采高采煤法优缺点与适用条件**

（1）大采高采煤法的优缺点

优点：大采高综采工作面产量和效率能够大幅度提高；回采巷道的掘进量比分层开采减少了一半，并减少了人工假顶的铺设和材料消耗；减少了综采设备搬迁次数。虽然设备投资比分层开采大，但其产量大、效益高的优势明显。与综采放顶煤开采相比，其采出率明显高于放顶煤开采。

缺点：在采高增加后，配套回采设备重量都将增大，在增加投资的同时，给矿井辅助运输和巷道断面提出了更高的要求，往往出现困难。生产过程中防治煤壁片帮，设备的防倒、防滑和处理冒顶比一般综采都要增加难度，对管理水平和工人素质要求高。

目前我国厚煤层大采高综采高效工作面设计的主要技术参数：①开采高度为3.5~10.0m；②工作面长度为150~300m；推进长度为1000~6000m；③回采巷道断面尺寸为4.5m×3.5m~6.0m×4.5m；④设计生产能力为600~2500t/h；⑤支架支护高度为2.8~10.0m。

（2）大采高综合机械化开采方法的适用条件

该方法一般适用于地质构造简单、煤层倾角较小（一般小于12°）、煤层硬度较大（$f \geqslant 3$）、煤层厚度在4~10m之间、煤层顶底板较平整、赋存稳定或较稳定的厚煤层。

目前，大采高一次采全厚采煤法已在我国多个矿区得到应用，并取得了可喜的成绩，如神东矿区、榆林矿区、晋城矿区、邢台矿区、大同矿区等。一般情况下，其主要的技术经济指标要优于分层综采工作面，在条件合适的情况下，也要优于综放工作面。随着开采及相关技术的进步，大采高采煤法会得到进一步的推广应用。

**5.2.5.2 放顶煤采煤法**

放顶煤采煤法是沿煤层的底板或煤层某一厚度范围内的底部布置一个采煤工作面，利用矿山压力将工作面顶部煤层在工作面推进过后破碎冒落，并将冒落顶煤予以回收的一种采煤方法（图5-10）。

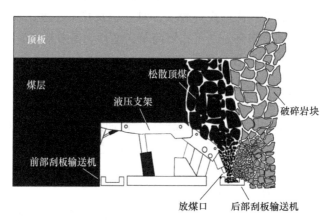

图 5-10　放顶煤采煤法

**1. 放顶煤采煤法的分类**

按厚煤层赋存条件和采放次数，放顶煤采煤法可以分为一次采全厚放顶煤、预采顶分层网下放顶煤、倾斜分层放顶煤和预采中分层放顶煤。

（1）一次采全厚放顶煤

如图 5-11a 所示，沿煤层底板布置放顶煤工作面，一次采放出煤层全部厚度。这是我国目前使用最多的放顶煤方法。采高 2.8~7m，放顶煤高度是采面采高的 1~3 倍，一般适用于厚度为 6~25m 的缓斜和中斜厚煤层。

（2）预采顶分层网下放顶煤

如图 5-11b 所示，将煤层划分为两个分层，沿煤层顶板下先采一个 2~3m 的顶分层长壁工作面。铺网后，再沿煤层底板布置放顶煤工作面，将两个工作面之间的顶煤放出。一般适用于厚度大于 12~20m、直接顶坚硬或煤层瓦斯含量高、需预先抽采的缓倾斜煤层。

当煤层中瓦斯含量较大或有突出危险时，预采顶分层可起到预先释放瓦斯的作用，便于进行瓦斯抽采工作。

（3）倾斜分层放顶煤

如图 5-11c 所示，煤层厚度大于 15~20m 时，用平行于煤层层面的斜面，将煤层分为两个以上厚度在 8~10m 的倾斜分层（段），而后依次放顶煤开采。

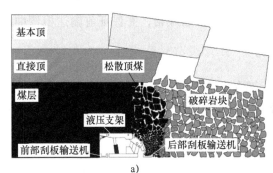
a)

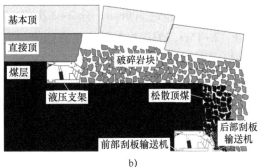
b)

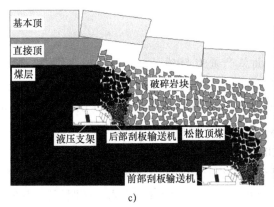
c)

d)

**图 5-11　综采放顶煤按煤层赋存条件和采放次数分类**

a）一次采全厚放顶煤　b）预采顶分层网下放顶煤　c）倾斜分层放顶煤　d）预采中分层放顶煤

（4）预采中分层放顶煤

如图 5-11d 所示，先在中分层布置普通的采煤工作面，让该面上部顶煤冒落，只采不放，堆积于采空区；再在下分层布置综放工作面，采底层煤，并将中分层开采后之上的原实体顶煤和已堆积在采空区的顶煤放出。这种方法在防止煤层自燃方面难度较大，因此很少使用。

**2. 放顶煤工艺**

放顶煤工艺流程主要包括割煤、移架、移前输送机、放顶煤、拉移后输送机等。

（1）割煤

放顶煤综采工作面一般采用双滚筒采煤机沿工作面全长割煤，工作面两端多采用斜切进刀方式。截深一般为 0.6~0.8m，采高一般为 1.8~3.2m。

（2）移架

为维护端面煤顶的稳定性，液压支架一般装有伸缩前探梁和防片帮装置。采煤机割煤后应立即伸出伸缩前探梁支护新暴露煤顶。采煤机通过后，及时移架，并伸出防片帮板护住煤壁。

（3）移前输送机

移架后可移置前输送机。若采用一次推移到位，可以在距采煤机约 10m 处逐节一次完成输送机的推移。若采用多架协调操作，分段移输送机，可在采煤机后 5m 左右开始移输送机，每次推移不超过 300mm，分 2~3 次将前输送机全部移靠煤帮，并保证前输送机弯曲段不小于 12~15m，输送机推移后呈直线状，不得出现急弯。

（4）放顶煤

放煤工作多从下部向上部进行，也可以从上部向下部进行，逐架或隔一架或隔数架依次进行，称为顺序放煤或间隔交错放煤。一般放顶煤沿工作面全长一次进行完毕，如顶煤较厚，也可以多次放完。

（5）拉移后输送机

放完顶煤后依次顺序拉移后输送机，严禁相向操作，拉移一般滞后放煤的液压支架 10~15m，并确保弯曲段长度。

**3. 四要素放煤理论**

放顶煤开采中，放煤工艺产量一般占工作面总产量的 50% 以上，因此确定科学、合理的放煤工艺对于提高顶煤采出率至关重要。四要素放煤理论也称为 BBR 放煤理论，是指综合研究顶煤放出过程中煤岩分界面（Boundary of Top-Coal）、顶煤放出体（Drawing Body of Top-Coal）、顶煤采出率（Recovery Ratio of Top-Coal）与含矸率（Rock Mixed Ratio of Top-Coal）及其相互关系，用于指导放煤工艺开发的理论，如图 5-12 所示。

四要素放煤理论的核心是系统地研究了每个放煤循环中的起始和终止煤岩分界面形态、放出体发育过程及形态、放出煤量和混入岩石量四个相互影响的时空要素，阐明了顶煤放出体、煤岩分界面、顶煤采出率和含矸率之间的关系，提出了顶煤放出体与煤岩分界面重合是提高采出率的主导原则。四要素放煤理论可为开发提高顶煤采出率、降低含矸率的放煤工艺提供科学指导。

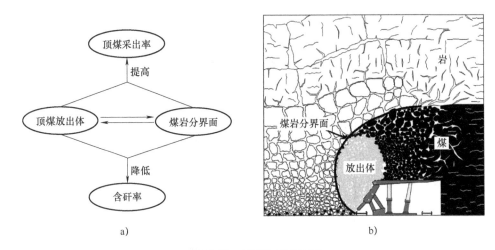

a)　　　　　　　　　　　　　　b)

图 5-12　四要素放煤理论

a）四要素放煤理论框架　b）放出体、煤岩分界面及相互关系

在大倾角煤层综放工作面，顶煤放出体存在"异形等体"特征，即顶煤放出体在放煤口中心垂线两侧的形态差异明显，但其体积却基本相等，如图 5-13 所示。随着工作面倾角的增大，顶煤放出体右侧拐点的位置越来越高，右侧顶煤放出体受边界条件影响越大，形态上与左侧差别很大，但体积上却基本相等。也就是说，工作面倾角对顶煤放出体的影响主要体现在形态上，而非体积上。

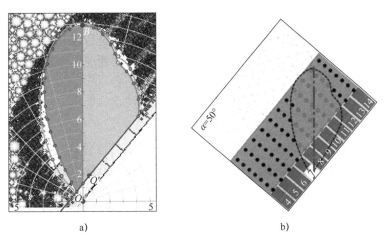

a)　　　　　　　　　　　　　　b)

图 5-13　大倾角煤层顶煤放出体"异形等体"特征

a）数值模型形态　b）物理模拟形态

对于放煤过程来说，提高顶煤采出率和降低含矸率是相互矛盾的。在放煤初期，放出的为纯煤，但随着放煤的进行，放出体逐渐增大，破碎的直接顶岩石会混入放出体，形成顶煤与岩石混合的放出体；此时部分顶煤仍留在采空区内未被放出。因此，在放煤的后期，放出的顶煤越多，岩石混入的也越多，含矸率就随之增大。根据某矿 9 号、4 号煤层现场实测与物理实验数据，顶煤采出率与含矸率的关系如图 5-14 所示。因此，在实际操作中，建议在

放煤时允许适量的直接顶矸石，以达到较高的顶煤采出率。

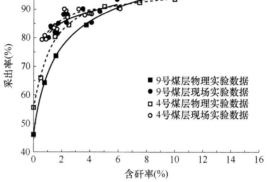

图 5-14　某矿 9 号、4 号煤层顶煤采出率与含矸率关系曲线

此外，垂直方向上不同层位顶煤的回收率是不同的。总体上，中位顶煤的采出率较高，高位和低位的顶煤采出率均相对较低。从顶煤放出体的形态看，当顶煤放出体中部与煤岩分界面相切时，岩石开始混入放出体。如果此时停止放顶煤，则该相切点以上及以下的顶煤将停止移动，并作为部分顶煤损失遗留在采空区，实验室室内实验和井下现场实测均证实了这一点。

## 5.3　工作面智能装备与系统

工作面装备及系统的智能化是实现智能开采的基础，也是智能开采的核心内容，而工作面智能特性指标、工作面智能等级划分是衡量、评价工作面智能化水平的依据，本节将依次阐述这几点内容。

### 5.3.1　智能开采工作面特性指标

智能开采工作面（以下简称"智采工作面"）的智能特性体现在智能装备的运行行为，实际上是采矿装备自主能力的高低。自主性是一个系统独立于操作者的管理程度和自我管理的能力，自主控制能力越强，智能化水平越高。智采工作面应具备自主感知、自主决策、自主控制、自主协同、自主交互五个智能要素。

1）自主感知：使工作面装备具有视觉、听觉、触觉、味觉、嗅觉、力觉、动觉、方位觉等感知功能，实时获取采煤过程中的设备运行、外部环境及生产系统的各类信息。

2）自主决策：通过感知信息的分析和理解，形成预设场景的适当操作决策能力。

3）自主控制：使智采工作面具有自治能力，实现无人干预下的自主运行。

4）自主协同：使智采工作面对不确定因素具有实时协调能力。

5）自主交互：使人与设备、设备与设备之间具有信息传递、深度学习和知识更新的互动能力。

智采工作面的目标、智能要素、自主功能及技术要求见表 5-2。

表 5-2　智采工作面智能特性指标

| 目标 | 智能要素 | 自主功能 | 技术要求 |
|---|---|---|---|
| 自主完成采煤作业 | 自主感知 | 机器自检测 | 自动检测力控、电控、位控、温控、压控、视控的参数 |
| | | 环境自监测 | 煤层构造、矿压分布、煤流状态、空间形态、安全参数 |
| | | 过程自解析 | 采运支设备运行的准确性、跟随性、稳定性、鲁棒性 |
| | | 风险自辨识 | 瓦斯、矿压、突水、片帮、人机冲突、误操作等安全风险 |
| | | 健康自诊断 | 设备状态自动检查和监测、实时显示过参数、欠参数的预警状态 |
| | 自主决策 | 工艺自优化 | 不同煤层厚度、条件、产量、矿压、设备，优化选择智采工艺模式 |
| | | 割煤自调控 | 割煤速度、割煤高度、牵引速度、斜切工艺、采支协调等 |
| | | 支持自组织 | 支护强度、移架时序、推溜程序、推移行程、自组织排列等 |
| | | 运输自适应 | 输送机组速度自匹配、运量自调节、采运协调等 |
| | | 协作自规划 | 具有智能协作机能，实现人与机器作业的互动、机器与机器的互动 |
| | 自主控制 | 单机自主化 | 设备自运行、状态自诊断、环境自适应、路径重规划 |
| | | 多机自主化 | 多机协调、工艺重规划、目标优化 |
| | | 集群自主化 | 分布式控制、集群控制、全自主集群 |
| | | 故障自修复 | 对电器故障、液压故障、润滑失效等具有自愈功能 |
| | | 行进自避障 | 自主发现障碍物、自动绕开障碍物、自我规划路径 |
| | 自主协同 | 工况自适应 | 滚筒自适调高、支架自适调压、刮板输送机自动调速、破碎机自适调量 |
| | | 流程自协同 | 自行组成最佳系统结构，"人、机、法、煤、环"实现人机交互 |
| | | 姿态自纠偏 | 截割摇臂自动调高，采煤机自动纠偏，支架自动调斜调偏 |
| | | 集群自协作 | 采煤—支护—运输集群协作，主煤流输送机组集群管控协作 |
| | | 网络自组织 | 移动自组织网络，工业物联网、云平台能自配置、自优化和自愈 |
| | 自主交互 | 设备自协调 | 场景建模、监督控制、故障预警、完整性诊断 |
| | | 轨迹自推演 | 自主定位和地图构建、工作面全局规划、渐进最优性路径 |
| | | 人机自协作 | 多模态智能人机交互、机器视觉交互、语音交互、仿生交互 |
| | | 知识自更新 | 工艺记忆及推理、策略增强学习、知识库主动更新 |
| | | 系统自主化 | 工作面自主系统，实现非程序化无人驾驶、非预设条件自动作业 |

## 5.3.2　智能开采工作面等级划分

智采工作面的智能等级通常可以分为初级、中级和高级。这三个等级的智采工作面技术描述、人为干预程度和基本特征见表 5-3。

表 5-3　智采工作面智能等级

| 等级 | 模式 | 技术描述 | 人为干预程度 | 基本特征 |
|---|---|---|---|---|
| 初级 | 远程监控 | 执行操作员提前编写的程序来完成采煤任务 | 50% | 少人远程管理，在预设的简单场景中自动运行 |

（续）

| 等级 | 模式 | 技术描述 | 人为干预程度 | 基本特征 |
|------|------|----------|--------------|----------|
| 中级 | 半自主监控 | 可部分感知态势，自动执行复杂任务，做出常规决策 | 20% | 自动运行，在预设场景中半自主决策运行 |
| 高级 | 全自主监控 | 对机器本体及环境态势能够广泛感知，做出全面优化决策 | ≤5% | 在预设的复杂场景中自动任务规划和运行 |

初级智采工作面属于远程监控模式，设备能以预先编写的程序来完成采煤任务，在采煤过程中约有 50% 的工序还需要人为干预，这种少人远程监控模式在一些预设的简单工作面场景中能实现自动运行。

中级智采工作面属于半自主监控模式，具有部分感知采煤作业态势的能力，能自动执行复杂条件的采煤任务，并对一些异变状况做出常规决策，采煤过程中约有 20% 的工序还需要人为干预。

高级智采工作面属于全自主监控模式，对设备本体及环境态势具有广泛感知的能力，能自主做出全面优化决策，可在预设的复杂工作面场景中自动实现任务规划和运行，仍有不到 5% 的工序需要人为干预。

智采工作面发展是一个承前启后的过程，它与自动化、信息化、互联化工作面建设相衔接，形成一个渐进发展过程。

### 5.3.3 采矿装备智能化

采矿装备的智能化是实现开采的基础，采矿技术的进步离不开采矿装备的革新。采矿装备主要包括采煤机、液压支架、刮板输送机、转载机、破碎机、皮带输送机、无轨胶轮车、单轨吊等。

#### 5.3.3.1 采煤机、液压支架与刮板输送机

**1. 采煤机的智能化**

采煤机、液压支架与刮板输送机是工作面开采煤炭的重要设备，通常被称为"三机"。其中，采煤机智能化技术主要包括工况监测、姿态监测、机载控制、精准定位、记忆截割、进刀协同、故障诊断、安全联动、机载视频、无线通信、直线度检测、智能调高、防碰撞、煤流平衡等，概括起来可以分为感知、通信、控制、诊断四个方面。

（1）感知

若要实现智能控制，就必须对采煤机的工况环境、运行状态、自身姿态进行全面的感知测量，如瓦斯、温度、湿度、流量、压力、电流、振动、油位、油品、俯仰角、采高等参数。只有通过完备的智能感知系统，才能做到心中有数，为智能决策和控制提供依据。对于智能化采煤机来说，定姿定位是关键，"惯导+"是目前较为有效的解决方案，通过"惯导+倾角+里程计"，可主要实现机身和摇臂姿态监测、位置精准测量和三维空间定位等。

（2）通信

数据通信是设备之间联系的桥梁，采煤工作面设备之间需要实时交互。根据不同工况的不同需求，采煤机对外通信可采用以控制电缆、光缆为媒介的有线通信方式，也可采用

Mesh、Wi-Fi、4G/5G 的无线通信方式，并适用 CAN、EIP、TCP/IP 等多种通信协议。另外，为提高通信的可靠性，也可采用有线+无线的冗余通信方式。

（3）控制

随着采煤机智能化的发展和控制需求的提高，原来的机载遥控方式已发展为多端控制模式，包括本地控制、远程控制、人工辅助、自动控制和智能控制；控制策略方面以记忆截割、规划截割为主，更高阶的智能截割技术正在逐步尝试。在协同控制方面，基于设备之间的数据互联互通和数字孪生驱动技术，可实现一键启停、煤流平衡、防干涉等多机协同和智能联锁，提高设备运行的效率和安全性。

（4）诊断

设备运行过程中不可避免地会出现异常状况，智能监测诊断系统可分析判断设备运行状况和健康状态，实现预防性维护，提高装备运行效果，可实现采掘装备的远程专家诊断，提供设备的健康分析和预防性维护方案，并可通过移动端随时随地掌握设备状态，实现设备的全生命周期运维管理。

**2. 液压支架的智能化**

液压支架在智能化采煤工作面中扮演着关键角色，它们不仅保障了煤矿的安全生产，还对提升采煤效率起到了至关重要的作用。智能化采煤工作面的液压支架控制核心在于实现支架与采煤机、刮板输送机之间的有效协同，以及精确控制液压支架的支撑力和支护位姿。为了提高液压支架的智能化水平，以下是几个关键点。

（1）液压支架状态感知体系

通过使用倾角传感器、摄像头、高度传感器等，可以探索液压支架的压力和位姿在时间和空间上的耦合关系。智采工作面的液压支架感知架构提供了一个全面的感知需求框架和相应的数据处理方法。具体来说，液压支架的压力感知对于获取支架自身的受力情况、判断工作状态以及反映上覆岩层应力变化至关重要，这有助于保障工作面的安全生产。而液压支架的位姿感知则可以从多个角度提供信息，描述单个液压支架的空间姿态，描述液压支架群的空间分布趋势，反映工作面顶底板的起伏和走向，并辅助分析工作面矿压和液压支架的受力状态，如图 5-15 所示。

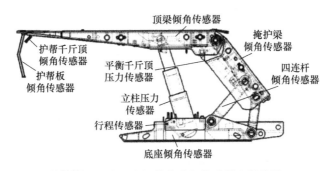

图 5-15　液压支架状态感知传感器安装位置

（2）液压支架定位及自适应控制

液压支架的受力状况与其位姿紧密相关，位姿又受限于工作面布置和煤层及围岩的空间状态。在大倾角、大采高等条件下，液压支架受力更为复杂。通过建立液压支架的力学结构模型，这些高精度传感器能够监测到支架所受的力和位移，而定位系统则提供了支架在工作面中的具体位置信息。机器视觉技术则通过图像识别和处理，进一步增强了对支架姿态的监测能力，使得支架的调整可以更加精细和迅速。此外，精确定位技术还与自适应控制系统集成，根据实时监测数据自动调整支架的位置和姿态，以适应工作面的变化。这种智能化的响应机制不仅提高了支架操作的效率，也极大提升了工作面的安全性，如图 5-16 所示。

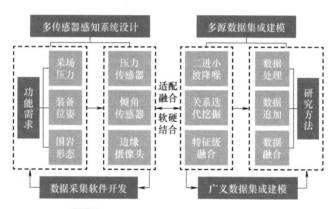

图 5-16　智采工作面液压支架感知架构

（3）液压支架位姿感知分析

液压支架位姿数据对于理解上覆载荷对支架的作用至关重要，不同的位姿会影响载荷在支架上的分布以及支架对岩层的反作用力，进而影响支护效果。液压支架的异常工作状态还能反映顶板的异常变化。通过建立基于油缸压力的力学模型，可以反演液压支架的位姿及受载信息。此外，液压支架位姿对支架稳定性的影响在特殊开采条件下尤为显著，如大倾角工作面或过断层期间，需要进行细致的力学分析以确保支架的稳定性和安全性。随着煤矿智能化的升级，机器视觉和图像处理方法的应用也逐渐增加，为井下装备和人员识别提供了新的监测手段。

（4）液压支架数据融合智能化

通过应用先进的大数据分析技术，实现了对顶板压力、煤层厚度变化等关键参数传感器数据的深度整合，构建了一个全面、多维度的工作面状况模型。这一过程不仅集成了多源数据，还通过实时数据处理和模式识别，快速捕捉数据中的模式和趋势，为决策提供了科学依据。同时，异常监测能力使系统能够及时预警潜在的安全风险，而决策支持信息的直观展示帮助操作人员迅速理解并做出反应。此外，系统的自适应调整和持续学习优化能力，确保了根据最新数据不断优化控制参数，提升了整个工作面的运行效率和安全性。数据融合的智能化是提高采矿作业安全性和效率的关键技术，为实现高度自动化的智能开采提供了强大的数据支持和决策工具，如图 5-17 所示。

此外，在放顶煤工作面，液压支架的设计需要考虑端头放煤的实际需求。目前，受地质条件、采煤工艺及现有设备技术不足等因素限制，放顶煤工作面端头区上方的顶煤无法放出或少量放出，造成煤炭资源的巨大浪费。因此，可以通过改造端头支架的结构、优化机头机尾设备尺寸等方式实现端头区顶煤的放出，提高煤炭资源回收率。

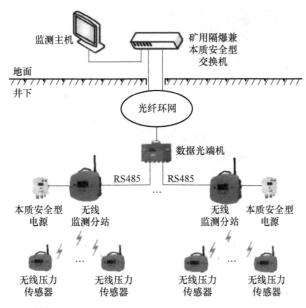

图 5-17　工作面液压支架压力的有线+无线组网监测系统

　　放顶煤工作面的支架还需要实现自动化或智能化放煤。目前，放煤工序主要采用人工控制方式，由于工作人员的视线容易受到放煤粉尘和降尘水雾的干扰，很难判断出散体顶煤是否被完全放出，放煤效果并不理想，且劳动强度较大。科研人员正尝试采用图像、伽马射线、支架位态或声振信号等技术实现综放工作面的自动化放煤，并尝试在一些矿区进行应用。

### 3. 刮板输送机的智能化

　　刮板输送机作为智采工作面的运输设备，主要作用是运输煤块；其控制核心在于刮板输送机张力控制、电动机功率控制和推溜调直控制。刮板输送机张力系统是由链条和刮板组成，用于克服在运煤过程中地面的摩擦阻力。长时间运行和重载会拉长链条，降低刮板输送机系统的作用力，导致设备出现危险事故，因此有必要实时调节刮板输送机张力。刮板输送机驱动部分由两个异步电动机组成，两个电动机之间的功率分配不均，易造成过载和欠载。随着采煤机截割刀数的增加及工作面的持续推进，受其销耳间隙的影响，刮板输送机可能产生弯曲，因此推溜调直控制是确保采煤机正常工作的前提。

　　（1）链条张力自动调控技术

　　该技术对于刮板输送机的稳定运行至关重要，涉及多种调控策略以适应不同的工业需求。压力反馈控制方式通过监测张紧液压缸的压力差来实时调整链条张力，确保其维持在最佳状态。悬垂反馈控制方式则通过测量链条的悬垂量来间接监测和调节张力，适应性强，操作简便。电流反馈控制方式则利用张紧力与消耗功率的关系来进行实时监控。尽管在实际应用中存在一些挑战，这些方法的共同目标是提高输送机的运行效率和安全性，降低故障率，并通过智能化控制降低人工干预，推动工业自动化和智能化的进一步发展，如图 5-18 所示。

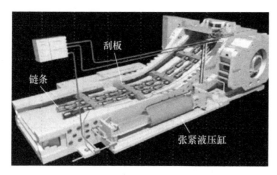

图 5-18　链条张紧力自动调节系统　　　　　　　图 5-18 彩图

（2）煤流量在线监测技术

刮板输送机通过采用变频软启动装置，可以监测驱动电动机的电流，实现煤流过载监测功能。这种监测可以反馈给采煤机，从而自动调整截割速度或在过载情况下执行停机操作，刮板输送机煤流量的在线监测主要依赖于先进的雷达扫描技术，包括超声波雷达、激光雷达和毫米波雷达，以及机器视觉扫描技术。这些技术能够提供精确的数据支持，帮助系统更好地控制和优化煤流过程（图 5-19）。

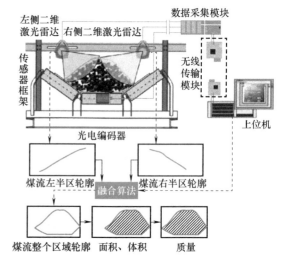

图 5-19　双激光雷达监测煤流量系统

（3）刮板输送机自动调直技术

为了实现智能化调控，现代刮板输送机需要集成自动调直技术，包括利用传感器进行机身直线度的实时监测，通过数据分析确定是否需要调整，然后自动执行调整动作以恢复直线度，并通过智能算法进行预测和优化，减少调整频率，提高精度。这种自动调直能力提高了作业的连续性和稳定性，降低了人工干预。

**5.3.3.2　皮带输送机**

皮带输送机是将煤炭运出工作面的主要设备，对该设备的智能化也是提升工作面回采效率的重要内容。

**1. 运煤量智能监测**

目前在煤矿带式输送机运煤流量监测中，主要应用的监测装置包括电子皮带秤、核子皮带秤、超声波皮带秤和视觉测量法。此外还可以利用激光辅助视觉技术实现煤流量的智能监测技术，其原理是利用激光对带式运输机进行激光光束的投射，并采集皮带机上的煤块断面图像，通过三角法相似原理计算激光光束条纹相对皮带基准面的高度，结合控制平台中输入的带式输送机速度可以计算带式输送机的运煤量，如图 5-20 所示。

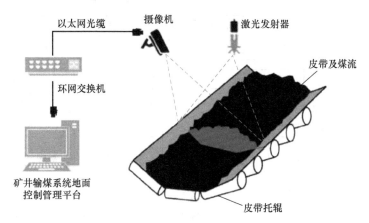

图 5-20　基于激光辅助视觉技术的矿井带式输送机运煤量计算

**2. 煤流智能调速与启停**

典型的煤矿带式输送机调速系统由输送带、电动机和变频器组成，根据运煤量数据将速度调控指令发送到变频器，变频器控制电动机转速进而调整带式输送机的速度，可以实现对煤流运输过程中煤流速度的智能调控以及运输设备大负载软启动。在此基础上还可以增加带式输送机和煤流监测装置，根据各带式输送机系统中的关系建立数学模型，形成多个子系统的协同控制系统（图 5-21）。

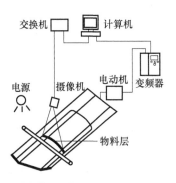

图 5-21　带式输送机自适应
调速系统结构

**5.3.3.3　无轨胶轮车与单轨吊**

无轨胶轮车与单轨吊等是煤矿辅助运输的主要设备，一些新建大型矿井配备了较为成熟的智能辅助运输设备系统。智能辅助运输系统是基于云计算、大数据、物联网、移动互联网、人工智能等新一代信息技术，以 UWB 精准定位系统和地图服务平台为基础，实现井下车辆（包括无轨胶轮车、单轨吊等）位置、行驶状态、运行参数等的全程监控；以云服务、车载终端、井下站点终端、手机移动端为载体，依托井下 4G/5G 或其他网络，实现多终端响应、多终端互联；通过 AI 智能图像分析、多终端数据共享整合等手段切实改善辅助运输体验。智能辅助运输系统整体架构如图 5-22 所示。

智能辅助运输系统主要由计算机管理端、移动 App 端、车载终端、井下站点终端四部分组成；通过多终端配合，实现井下辅助运输设备（无轨胶轮车、单轨吊等）的用车派车智能调度、车辆运行记录监控、车辆维修保养全流程监管、车辆违章监管、司机疲劳驾驶预警、车辆全生命周期纳管、井下车辆人员实时定位展示等，可以进一步融合自动驾驶技术实现井下辅助运输设备的无人驾驶，可为井下作业车辆管理的降本增效及生产安全提供支持。

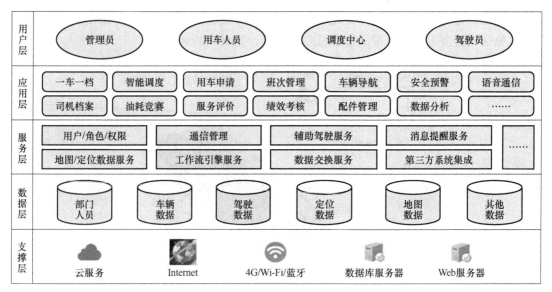

图 5-22　智能辅助运输系统整体架构

## 5.3.4　智能放煤控制

当厚煤层采用放顶煤开采技术进行开采时，由于煤壁上方是顶煤，工作面前方不存在煤岩界面识别的问题，但需要解决支架后方放煤过程的智能控制。智能放煤控制的关键是放煤合理截止含矸率的确定，以及后刮板煤流含矸率的实时检测。此外对于顶煤厚度较大的情况，也可借助顶煤运移跟踪系统制定精准控制的多轮放煤工艺，达到智能放煤控制的目的。

### 1. 图像识别智能放煤

近年来，图像识别智能放煤技术取得了重要突破，采用能够适应井下高粉尘、水雾环境、具有数据独立处理功能的图像采集系统——慧眼一号（Insight-I），如图 5-23 所示，通过高阻隔气动封堵罩、高性能粉尘清扫器、高压吹尘风刀等手段，可实现图像采集系统粉尘自主感知与清除功能；利用图像采集系统对后刮板放出煤流进行实时监控，配套图像识别在线检测软件（图 5-24）实时计算含矸率数据，当含矸率超过预定的区间含矸率阈值时，通过通信模块自动发送中止放煤或者关闭当前放煤口、开启下一放煤口的指令给液压支架控制系统，从而实现智能放煤。

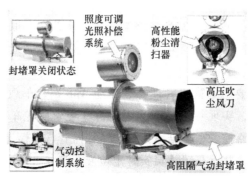

图 5-23　慧眼一号原理样机

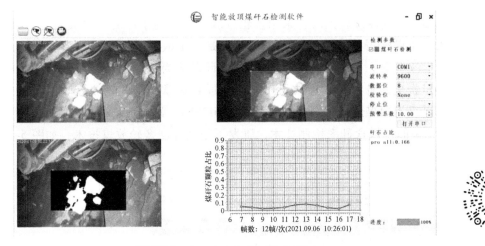

图 5-24　含矸率在线检测软件界面　　　　　　　图 5-24 彩图

此外，当煤和矸石的表面颜色比较接近时，可以采用"液体介入+红外监测"手段提高煤矸识别准确率。通过在放煤降尘喷雾中增加特定种类的液体，使其喷洒后与煤、矸发生差异性反应，主动增大煤、矸间的温度差，从而在降尘的同时提高煤矸红外识别准确率，这种方式可作为基于可见光图像智能放煤技术在特定情况下的一种补充技术手段。

对于合理放煤含矸率阈值的确定，可通过在顶煤中布置顶煤运移跟踪仪（图 5-25a）来实时监测不同层位顶煤放出情况，掌握顶煤采出率与含矸率的关系，据此确定放煤截止含矸率。顶煤运移跟踪仪还可用于测量顶煤运移时间，通过对多轮放煤时间的测定，结合煤矸图像识别结果进行放煤参数的现场确定与在线调整，从而进一步提高智能放煤的顶煤采出率。

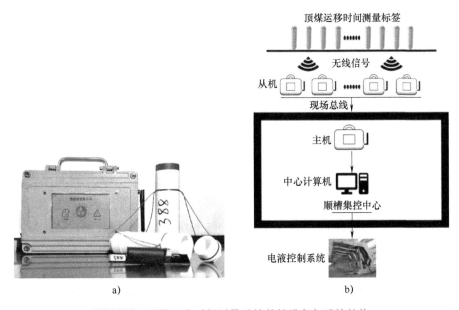

图 5-25　顶煤运移时间测量系统关键设备与系统结构

a）顶煤运移时间测量标签和标签信号接收器　b）顶煤运移时间测量系统结构

**2. 精准控制多轮放煤技术**

当放顶煤工作面的顶煤厚度较大时，采用多轮放煤工艺有利于煤岩分界面均匀下沉，避免矸石提前窜入，可以获得较高的顶煤采出率，但是人工放煤时很难掌控多轮放煤的时间。当顶煤中含有夹矸时，放煤工经常将放出的夹矸误认为顶板岩石，而提前关闭放煤口，导致顶煤大量损失。针对多轮序放煤工艺中难以精确掌控每一轮放煤时间、误判煤层夹矸问题，可以采用顶煤运移时间测量系统（图5-25b），准确记录不同层位顶煤的运移时间，结合图像识别的顶煤含矸率检测技术，研发了精准控制多轮放煤技术，如图5-26所示。

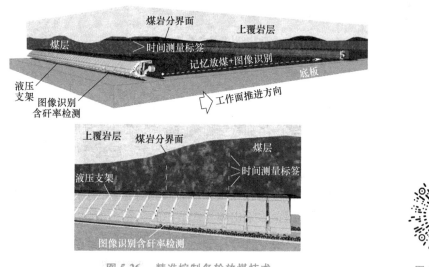

图 5-26　精准控制多轮放煤技术　　　　图 5-26 彩图

精准控制多轮放煤技术主要包含多轮放煤工艺确定、多轮放煤时间参数测定、多轮记忆放煤与工艺参数修正。

（1）多轮放煤工艺确定

根据工作面地质条件及煤与矸石的物理特征，利用数值模拟结合相似模型实验研究不同多轮放煤工艺的回收率及含矸率，确定放煤轮数、放煤步距等工艺参数及顶煤运移时间测量标签布置方式。

（2）多轮放煤时间参数测定

根据所确定的放煤轮数及标签布置方式，在工作面顶煤中自下而上直到煤岩分界面布置若干层顶煤运移时间测量标签，以某一层标签掉落至刮板输送机为某一轮放煤的结束标志，自动记录每层标签从开始运动到掉落至刮板机的时间作为该轮放煤时间，以此作为后续自动多轮放煤的时间参数。

（3）多轮记忆放煤与工艺参数修正

在工作面推进过程中，根据形成的多轮放煤工艺及时间参数进行记忆放煤，同时结合含矸率检测技术对放出顶煤进行煤矸识别，根据识别结果决定放煤关闭与否，以及修正放煤工艺参数。当顶煤厚度或地质条件发生明显变化时，或根据含矸率检测结果判断当前工艺参数已经不再适用时，重新布置顶煤运移时间测量标签确定新一周期多轮放煤的工艺参数。多轮记忆放煤流程如图 5-27 所示。

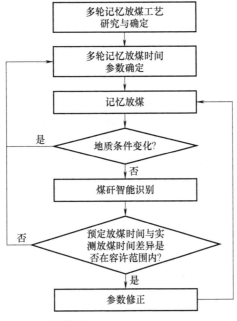

图 5-27　多轮记忆放煤流程

当工作面煤厚等条件变化时，需要在记忆放煤过程中对工艺参数进行适当调整，利用视频图像对放出顶煤的含矸率进行在线检测，实时监控记忆放煤过程，得出实际的放煤结束时间，与记忆放煤参数设置的多轮总放煤时间进行比对，根据两者的差异结合参数修正算法对每轮放煤时间参数进行修正，形成多轮记忆放煤过程的闭环精准控制。图 5-28 所示为放煤工艺参数修正原理框图。

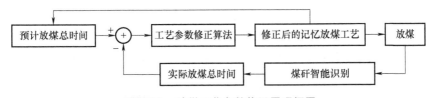

图 5-28　放煤工艺参数修正原理框图

精准控制多轮放煤技术有以下显著优势：

1）克服了人工放煤时放煤工无法精准控制每一轮放煤时间，实现了多轮精准记忆放煤，最大限度地提高了顶煤回采率。

2）通过均匀布置在顶煤中的跟踪标签可以准确判断放煤进度和完成情况，避免了误判放出顶煤夹矸作为放煤结束的标志。

3）记忆放煤参数为图像识别智能放煤的含矸率检测提供了必要的先验知识，从一定程度上能够克服单一图像数据可能导致误判夹矸的问题，提高了煤矸图像识别的鲁棒性。

4）利用含矸率检测结果对多轮记忆放煤工艺参数进行比对和修正，形成放煤过程的闭环控制，可以有效提高放煤的精准程度和智能控制水平。

# 5.4 绿色开采技术

## 5.4.1 充填开采方法

充填开采是将矸石、粉煤灰、尾砂等物料充填入采空区，达到控制岩层移动及地表沉陷目标的绿色开采技术，在矿山中得到了广泛应用。由于矿山生产技术条件存在差异，选用的充填材料、充填方法不尽相同。按照充填材料、充填位置、充填范围、充填动力以及运输方式的不同，充填开采可划分为不同的类别，见表5-4。

表 5-4　矿山充填开采方法

| 分类依据 | 充填开采技术 |
| --- | --- |
| 充填材料 | 固体充填、水砂充填、胶结充填、膏体充填、高水充填 |
| 充填位置 | 采空区充填、离层注浆充填、冒落区注浆充填、邻面注浆充填、嗣后空间注浆充填 |
| 充填范围 | 全采全充、全采局充、局采局充、局采全充 |
| 充填动力 | 风力充填、水力充填、机械充填 |
| 运输方式 | 管道输送充填、胶带输送机充填、刮板输送机充填、其他输送方式充填 |

经过多年的发展，我国煤矿充填形成了固体充填开采技术、胶结充填开采技术、高水充填开采技术、离层注浆充填开采技术和采选充一体化技术等诸多充填方法，为解决固体废弃物、实现绿色开采、提高经济效益做出了重要的贡献，也提供了科学的开采方法和理论依据。

### 5.4.1.1 固体充填开采

**1. 固体充填材料**

近年来，随着固体充填开采技术的深入发展及全国性的规模化应用，针对充填物料的相关研究也日益增多，充填物料的种类日渐丰富。目前，矸石、粉煤灰、风积沙、黄土和尾砂等充填物料皆已在相关矿井得到应用。充填物料来源现场实拍如图5-29所示。

a)　　　　　　　　　b)　　　　　　　　　c)

图 5-29　充填物料来源现场实拍　　　　　　　图 5-29 彩图

a) 矸石　b) 粉煤灰　c) 风积沙

**2. 固体充填开采系统**

综合机械化固体充填开采技术是指用机械方法落煤和装煤，输送机运煤和液压支架支护的采煤方法和用机械方法把固体充填物料直接密实充填到采空区的方法的合成。综合机械化固体充填开采技术中，矸石等固体材料充填通过运输系统输送至悬挂在充填支架后顶梁的多孔底卸式输送机上，再由多孔底卸式输送机的卸料孔输送入采空区，最后经充填支架后部的夯实机进行夯实。综合机械化固体充填采煤工作面与综采工作面对比如图 5-30 所示。

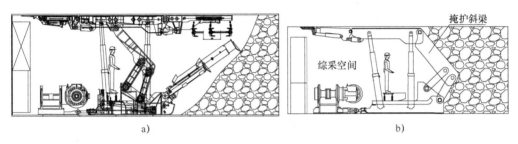

图 5-30　综合机械化固体充填采煤工作面与综采工作面对比示意图

a）综合机械化固体充填采煤工作面（支架）　b）综采工作面（支架）

**（1）固体充填开采系统整体布置**

综合机械化固体充填开采技术是先将地面的矸石、粉煤灰、风积沙等固体废弃物通过垂直连续输送系统运输至井下，再用带式输送机等相关运输设备将其运输至充填工作面，借助充填物料转载输送机、充填采煤液压支架、多孔底卸式输送机等充填开采关键设备实现采空区密实充填。综合机械化固体充填开采系统布置如图 5-31 所示。

**（2）地面固体充填物料输送系统**

在地面上为充填物料的运输、加工及存储服务的各种建（构）筑物及设备统称为地面运输系统，它是地面充填物料来源的首要环节。现以矸石山矸石运输至投料井为例，介绍地面固体充填物料输送系统。

一般地面固体充填物料输送系统分为以下三个环节：

1）将矸石山矸石装载至输送机上：此环节主要采用推土机、装载机及装料漏斗等设备，把矸石山矸石装载至带式输送机或者刮板输送机上。

2）破碎矸石：输送机把矸石运输至破碎系统，破碎粒径为 50~150mm。

3）运输至投料井口：破碎后的矸石经带式输送机运输至投料井口。此时地面设有专用控制系统来调节矸石运输量，在必要的情况下需要设置地面矸石仓。

**3. 固体充填开采关键设备**

综合机械化充填采煤工作面的关键设备是"四机"，具体包括采煤机、充填开采液压支架、刮板输送机、多孔底卸式输送机。采煤机和刮板输送机与普通综采工作面的设备相同。

**（1）充填开采液压支架**

充填开采液压支架结构如图 5-32 所示。

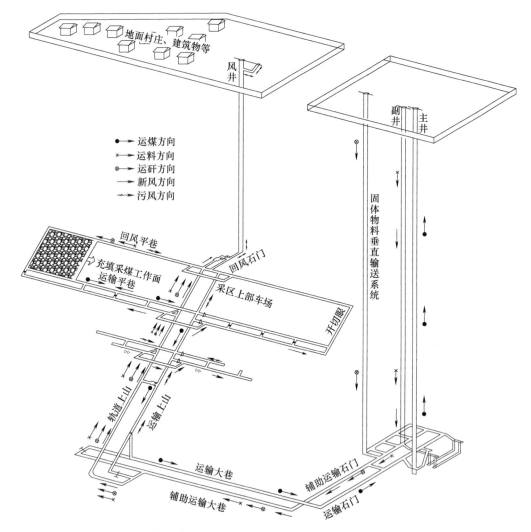

图 5-31　综合机械化固体充填开采系统布置

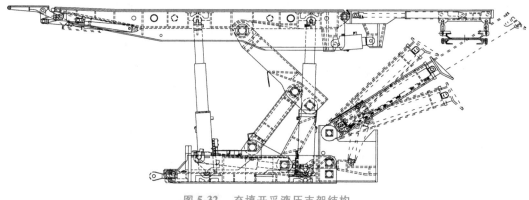

图 5-32　充填开采液压支架结构

充填开采液压支架主要由顶梁、立柱、底座、四连杆机构、后顶梁、多孔底卸式输送机、夯实机等构成。后顶梁由两根斜立柱支撑，以增加支架后顶梁的支护强度和稳定性。为了保证充填效果，在充填物料通过充填采煤输送机卸入采空区之后，需要进一步对充填物料进行压实，完成此步骤的结构称为夯实机构。充填物料经过压实结构反复夯实后，具有一定的致密度和抗变形能力，可有效地控制顶板的下沉，从而达到控制地表沉陷的目的。

（2）多孔底卸式输送机

多孔底卸式输送机在普通刮板输送机溜槽中板上设置卸料孔，在卸料孔下方设置液压插板，在液压油缸的控制下，可以实现对卸料孔的自动开启与关闭；为增加刮板输送机的可调节范围，对溜槽两头进行改造，使溜槽连接方式由插接式改为哑铃销连接方式，不仅增加了连接强度，还增加了刮板输送机在垂直、水平方向的可弯曲程度。

**4. 固体充填开采工艺**

固体充填开采工艺包含采煤工艺和充填工艺，其中采煤工艺与普通综采没有区别。在工作面刮板运输机移直后，将多孔底卸式输送机移至支架后顶梁后部，进行逐架充填。当前一个卸料孔卸料到一定高度后，开启下一个充填卸料孔，随即启动前一个卸料孔所在支架后部的千斤顶推动夯实板，对已卸下的充填材料进行夯实，从而实现整个工作面的充填。

**5.4.1.2　胶结充填开采**

**1. 胶结充填材料**

胶结充填技术是煤矿充填开采技术的一个重要分支，该技术将胶结材料充入采空区支撑围岩，减少采矿对上覆岩层的扰动，提高资源回收率，并且减少废弃物在地表的排放，降低环境污染。胶结充填材料由骨料、胶结料和水按照一定配比拌和制备而成，以料浆的形式通过管道输送至井下进行充填，料浆在胶结料的作用下在采空区硬化形成具有良好承载性能的胶结充填体。胶结充填材料的骨料一般为矸石、粉煤灰、尾砂、风积沙等大宗固体废弃物，胶结料一般为水泥或水泥基材料，料浆浓度一般为70%～85%。此外，针对不同类型胶结料的研究是当前的热点，众多学者尝试了多种手段降低水泥基胶结料的用量，如矿渣基胶结料、机械活化胶结料、微生物胶结料等。

**2. 胶结充填开采系统**

（1）胶结充填开采总体系统

胶结充填开采总体系统一般包括充填材料制备系统、充填材料输送系统和井下充填开采系统。总体系统如图5-33所示。

（2）胶结充填材料制备系统

胶结充填材料制备系统主要包括骨料破碎系统、配料系统、搅拌系统、输送系统等模块，材料制备系统原理如图5-34所示。

充填材料制备流程如下：

1）干料准备：将矸石等骨料运至充填车间，破碎至所需粒径，另外将水泥、粉煤灰储至料仓备用。

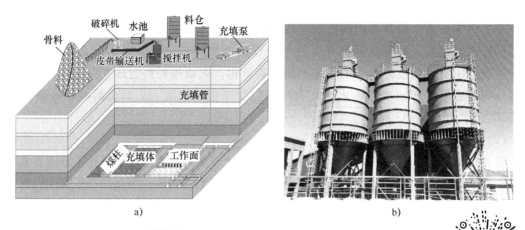

图 5-33　胶结充填开采总体系统及现场实拍图

a）胶结充填开采系统图　b）充填站现场实拍

图 5-33 彩图

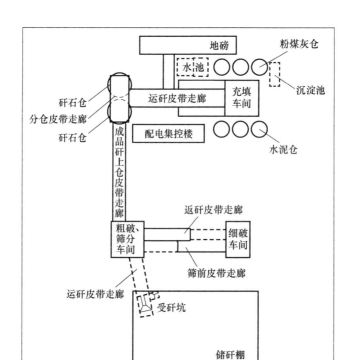

图 5-34　胶结充填材料制备系统原理

2）配料混合：按照设计的胶结充填材料配比，通过计量配料装置将各干料成分按照比例混合，一次制备胶结充填材料总量由料斗容量决定。

3）加水搅拌：将混合好的干料成分放入搅拌机，按照设计的胶结充填材料浓度加水进行搅拌，使各种成分混合均匀。

4）制备完成：将充分搅拌后制成的料浆放入泵送料浆斗内等待泵送，一个胶结充填材料制备循环完成。具体充填材料制备工艺流程如图 5-35 所示。

```
┌─────────────────────────────────────────────────────────────────┐
│ 干  │  水泥罐车    添加剂A    粉煤灰罐车    添加剂B       矸石      │
│ 料  │    ↓          ↓          ↓            ↓          ↓        │
│ 准  │                                               破碎机      │
│ 备  │                                                 ↓         │
│     │  水泥仓    添加剂A罐    粉煤灰仓     添加剂B罐    矸石料仓   │
├─────────────────────────────────────────────────────────────────┤
│ 配  │  给料机     给料机      给料机       给料机      给料机     │
│ 料  │                                                          │
│ 制  │                                                          │
│ 备  │                                                          │
├─────────────────────────────────────────────────────────────────┤
│ 加  │                      配料机                               │
│ 水  │                        ↑                                 │
│ 搅  │   水 →（水泵）→ 计算装置 → 搅拌机                          │
│ 拌  │                                                          │
├─────────────────────────────────────────────────────────────────┤
│ 制  │                                                          │
│ 备  │                      料浆斗                               │
│ 完  │                                                          │
│ 成  │                                                          │
└─────────────────────────────────────────────────────────────────┘
```

图 5-35　充填材料制备工艺流程

（3）胶结充填材料输送系统

胶结充填材料输送方式主要有两种：一种是依靠料浆重力作用的自流方式，另一种是借助外力的泵压输送方式。相对而言，自流方式应用较早，理论较为成熟；泵压输送在长距离输送方面应用较广，已经广泛应用于胶结充填技术中（图 5-36）。

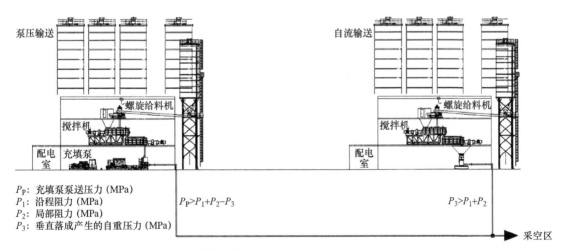

$P_P$：充填泵泵送压力（MPa）
$P_1$：沿程阻力（MPa）
$P_2$：局部阻力（MPa）
$P_3$：垂直落成产生的自重压力（MPa）

$P_P > P_1 + P_2 - P_3$　　　　　$P_3 > P_1 + P_2$

图 5-36　胶结充填材料输送方式

**3. 胶结充填开采关键设备**

（1）胶结充填开采液压支架

胶结充填开采液压支架是实现采煤与胶结充填一体化的核心设备，其结构如图 5-37 所示。与普通综采液压支架相比，支架前部结构类似，后部设有后顶梁和挡板，用于维护充填空间；支架间还预留铺设充填管路的通道，挡板上间隔设置布料口。

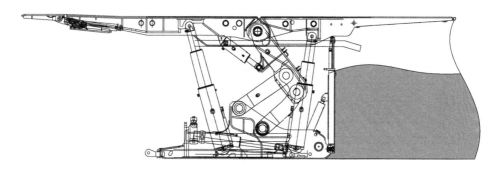

图 5-37　胶结充填开采液压支架结构

（2）充填泵

充填泵是胶结充填输送工艺的关键设备，在泵压输送工艺中，要根据充填料浆的输送参数，合理选择充填泵的类型和泵压参数。可供选择的输送泵有离心泵和活塞泵，针对胶结充填料浆输送一般采用活塞泵进行充填。图 5-38 所示为活塞型充填泵实物图。

图 5-38　活塞型充填泵实物图　　　　　　　　图 5-38 彩图

**4. 胶结充填开采工艺**

充填工作面每推进一个充填步距，需要沿工作面方向在支架后方以及两端头做隔离，在工作面后方采空区形成封闭隔离空间，称为待充填区。通过充填袋将待充填区按照需要划分为若干区域，随后将胶结充填料浆输送至充填袋中，分段充填全部待充填区。待充填材料凝结固化达到设计早期强度以后，再进行下一循环充填采煤。胶结充填工作面充填工艺如图 5-39 所示。

### 5.4.1.3　高水充填开采

**1. 高水充填材料**

高水速凝材料（以下简称"高水材料"）是一种具有高固水能力和速凝早强性能的新型胶凝材料。高水材料是通过 A、B 两种物料经过水化作用后形成具有一定强度的固体，其水化作用的产物主要为钙矾石（分子式为 $3CaO \cdot Al_2O_3 \cdot 3CaSO_4 \cdot 32H_2O$）。A、B 料以 1：1 配合使用，水体积在 95% 以上的材料称为超高水材料，水体积在 95% 以下的材料称为普通高水材料。

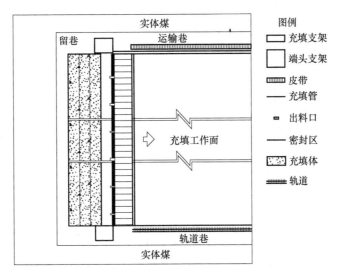

图 5-39　胶结充填工作面充填工艺

**2. 高水充填开采系统**

基于高水充填材料的性能特点，高水充填材料制备系统主要包括材料储存、浆体制备、浆体输送以及浆体混合四个子系统。高水充填工艺系统的核心是充填泵站，根据高水材料可长距离输送的特点，充填泵站可建在地面，也可建在井下。

（1）充填材料制备系统地面布置

当充填材料制备系统建在地面时，设备布置不受场地空间制约，构建容易，充填材料储运方便，但存在配水系统复杂、输送管路较长、井上井下分别管理不易协调等问题。充填材料制备系统地面布置与工艺流程示意图如图 5-40 所示。

（2）充填材料制备系统井下布置

当充填材料制备系统建在井下时，配水系统简单，充填管路较短，周转环节少，易于管理，但会受到井下空间制约，系统体积不能过大，且因井下环境潮湿，材料储运不便利，对系统可靠性有更高要求。布置于井下的浆体制备系统分 A 料与 B 料两个子系统，每个子系统包括给料系统、水与粉料计量系统、搅拌系统、浆体缓存系统以及辅料补给系统。浆体输送系统包括输送泵、输送管路与浆体混合装置等。充填材料制备系统井下布置与工艺流程示意图如图 5-41 所示。

**3. 高水充填开采关键设备**

高水充填开采关键设备包括充填开采液压支架、充填泵、充填材料制备设备等，与胶结充填开采关键设备类似，此处不再赘述。

**4. 高水充填开采工艺**

根据超高水充填材料流动性好的特点，将其充入采空区有通过地面打孔注浆和利用管路直接输送两种途径，其中管路输送的方式应用较多。将超高水材料通过管路输送至工作面后，可通过两种方式将其充入采空区：①将材料直接输送至采空区后，让其自然流淌与漫溢；②通过管路将其导引至预先安设于采空区的封闭空间或充填包内，使其按要求成型固结。

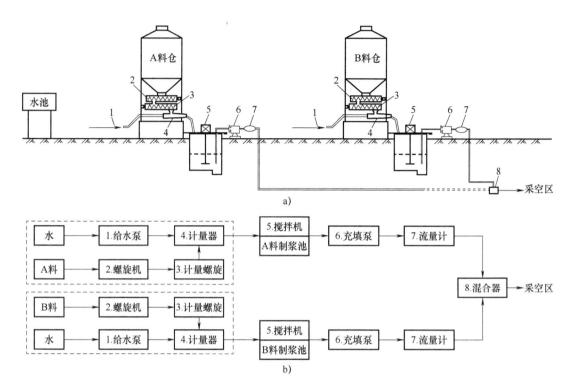

a)

b)

图 5-40　充填材料制备系统地面布置与工艺流程示意图

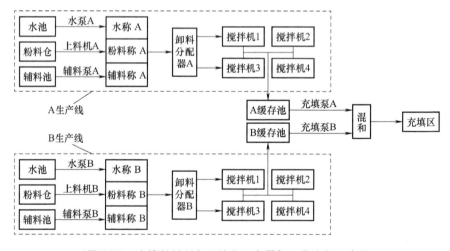

图 5-41　充填材料制备系统井下布置与工艺流程示意图

### 5.4.1.4　离层注浆充填开采

**1. 离层注浆充填开采技术原理**

覆岩离层注浆充填开采技术原理如图 5-42 所示。设计合理的工作面采宽并留设一定宽度的离层煤柱控制相邻工作面均处于非充分采动状态，通过地面钻孔高压注浆充填离层区，最终形成"覆岩结构-离层煤柱-充填压实区"承载结构，转移离层煤柱承担的覆岩载荷，减小离层煤柱宽度，提高采出率，控制地表沉陷，实现不迁村采煤。目前采用离层带注浆充填技术需满足以下条件：①基岩厚度较大（一般大于100m）；②具有关键层结构，具备离层带形成条件；③粉煤灰等注浆充填材料来源可靠且运价合适；④地面具备钻孔施工与注浆站建设条件。

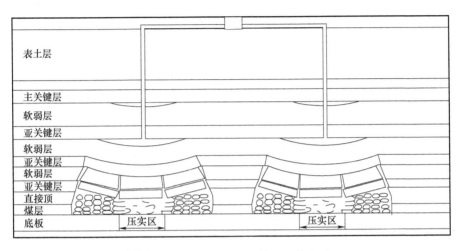

图 5-42　覆岩离层注浆充填开采技术原理

**2. 离层注浆充填开采系统**

离层注浆充填开采过程中，注浆充填和井下开采系统相对独立，互不干扰。井下开采系统与传统垮落法开采相同，离层注浆充填开采系统主要包括地面注浆站和输送管路，与胶结充填开采的地面料浆制备输送系统类似。由于注浆充填所用的充填材料一般为粉煤灰浆，制浆工艺相对简单，注浆充填开采系统比胶结充填料浆制备系统相对简单。

地面注浆站主要负责料浆的生产，包括原料的储存、输送、配料、制浆、搅拌、泵送、自动控制等环节。设施主要包括储灰棚、装载车间、集控操作室、材料室、制浆车间、搅拌车间、泵送车间、变电所、蓄水池等设施，以及制浆车间与储灰棚之间的带式输送机栈桥等。

**3. 离层注浆充填开采关键设备**

离层注浆充填开采的井下开采设备与普通垮落法开采相同，地面注浆充填主要设备与胶结充填料浆制备输送设备类似，主要设备包括制浆机、带式输送机、给料机、泥浆搅拌机、密度计、液位计、电磁流量计、振动筛除砂机、电加热取暖器、潜水泵、泥浆泵等。需要说明的是，一般而言，离层注浆充填不采用胶结充填系统中的柱塞泵，而是采用泥浆泵等更加小型的设备，以更低的成本实现料浆的输送。

**4. 离层注浆充填开采工艺**

离层注浆充填开采工艺流程：注浆设备的安装与调试→冲洗注浆孔→注浆系统试运转并做耐压试验→压水试验→造浆压注→观测、记录与情况分析→注后压水（试验）→拆洗注浆系统、透孔。以上为一个完整的注浆循环，可视实际情况进行多个循环。

##### 5.4.1.5 采选充一体化

**1. 采选充一体化技术原理**

工作面采出的原煤于井下进行分选，分选出的矸石、掘进矸石以及地面矸石运送至固体充填采煤工作面进行采空区充填。同时在地下水环境保护、地表沉陷控制、矸石近零排放及瓦斯近零排放的工程需求下，形成"采选充+X"的绿色化开采模式，"X"具体是指岩层移动主动控制（控）、沿空留巷（留）、瓦斯抽采（抽）、灾害防治（防）及保水开采（保）等，形成"采选充+控""采选充+留""采选充+抽""采选充+防""采选充+保"的关键技术。

**2. 井下煤矸分选技术**

随着矿井开采深度的不断延伸，原煤提升不仅大幅度增加能耗而且降低矿井的实际产能，因此推动原煤井下分选，促进煤炭资源绿色开采利用，具有重大的现实意义。现有的煤矸井下分选技术包括以下几种：

1）新型跳汰分选：根据物料在垂直升降的变速介质流中存在密度差进行分选。该方法分选粒径范围为 25~350mm，分选效率为 90%~95%，但是该技术循环水量大，产生大量煤泥水。

2）旋流器分选：颗粒在离心力场作用下，由于粒径和密度存在差异，产生不同的运动特征，从而完成分选。该方法分选粒径范围为 0.15~50mm，可实现 0.50mm 以下的煤泥精选。

3）重介浅槽分选机分选：根据阿基米德原理，利用煤矸密度差异在重力作用下出现分层进行高效分离。该方法分选粒径范围为 13~300mm，适用于煤矸分离，该技术所需空间大，需要大量添加重介质，配备介质的回收和再利用系统。

4）γ射线分选：利用γ射线进行煤矸识别，调整高压空气的流速进行分选，该方法分选粒径范围为 25~300mm，矸石带煤率为 3%，煤带矸率为 5%，主要用于块煤分选，细颗粒物料难以精确分离，且分选能力较小，高压空气扬尘大。

5）气固流化床分选：重介质在气体的作用下形成稳定似流体的流态化床层，原煤按密度出现分层。该方法分选粒径范围为 6~100mm，分选精度不高，优点是实现无水分选。

井下煤矸分选技术对比见表 5-5。

表 5-5　井下煤矸分选技术对比

| 分选方法 | 入料范围/mm | 技术优点 | 技术缺点 |
| --- | --- | --- | --- |
| 新型跳汰 | 25~350 | 分选效率高，90%~95% | 产生大量煤泥水 |
| 旋流器 | 0.15~50 | 0.5mm 以下煤泥精选；占地小 | 分选上限小，需要预先破碎 |
| 重介浅槽 | 13~300 | 处理能力大，分选成本低 | 重介质需要回收；建设井下大硐室 |
| γ射线 | 25~300 | 没有水耗、介耗；适用块煤分选 | 分选能力小；难以实现细粒分选 |
| 气固流化床 | 6~100 | 实现无水分选 | 分选精度低 |

**3. 采选充一体化工艺**

井下分选采用动筛跳汰等煤矸分选技术，通过直接或间接布置的方式与井下原有煤炭运输系统相衔接，将工作面采出的井下原煤运送至分选硐室进行分选，分选后的低灰度精煤由精煤运输皮带运至煤仓，然后经矿井提升系统输送至地面；煤矸分选后的废弃物矸石经破碎处理后运至矸石仓，通过运矸皮带输送至充填开采工作面，进行采空区充填；经充填开采工作面开采出来的煤炭则又通过运煤皮带运送至矿井煤仓，再次进入采选充采一体化系统中的井下煤矸分选系统，反复循环，形成井下采选充一体化循环闭合流程。某煤矿井下采选充一体化工艺流程如图 5-43 所示。

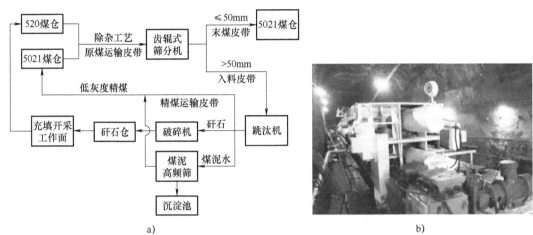

a)　　　　　　　　　　　　　　　　b)

图 5-43　某煤矿井下采选充一体化工艺流程及现场实拍

a）某煤矿井下采选充一体化工艺流程　b）某煤矿井下分选设备现场实拍

图 5-43b 彩图

### 5.4.2　保水采煤技术

**1. 保水采煤的概念**

保水采煤是指在干旱半干旱地区煤层开采过程中，通过控制岩层移动维持具有供水意义和生态价值含水层（岩组）结构稳定或水位变化在合理范围内，寻求煤炭开采量与水资源承载力之间最优解的煤炭开采技术。

**2. 保水采煤的适用条件**

1）适用于干旱缺水区，对于我国西北干旱、半干旱地区的煤矿都适用。对于东部地区具有生态价值的含水层赋存区，如邯郸、邢台矿区，也具有一定的适应性。

2）适用于强含水层发育地区，有中、强富水性含水层的煤矿区，这些含水层包括萨拉乌苏组、洛河组含水层以及奥陶系岩溶含水层，是西北地区工农业供水的主要水源，也是维系生态系统的物质基础，含水层存在的生态意义重大，采煤必须保护含水层。

3）适用于采煤对含水层有影响的浅埋煤层区，这些含水层与煤层发育的空间距离近，煤层与含水层之间的隔水层厚度小，煤层埋藏浅，煤层开采对含水层结构影响大。

4）通过规划或技术措施，可以避免或减缓采煤对含水层结构影响的矿区。

**3. 保水采煤技术方法**

保水采煤技术方法的研究旨在抑制导水裂隙带的发育程度，保证隔水层或地下水位的稳定。保水采煤技术方法选择，主要是调整采煤工作面规格（工作面大小及采高）和工程措施实现岩层控制，抑制导水裂隙带发育高度和底板破坏深度。目前采用的主要方法有限高保水采煤技术、充填保水采煤技术和窄条带保水采煤技术。

（1）限高保水采煤技术

限高保水采煤方法是一种旨在平衡煤炭资源开采与水资源保护之间矛盾的绿色开采技术。其原理在于通过精确控制煤层的开采高度，以限制导水裂隙带的发育高度，从而避免其波及上方的含水层，确保地下水资源的安全。限高保水开采适用于煤层厚度大且煤层上覆含水层富水性较强的条件，具有供水和生态价值，采用传统采煤技术难以达到保护含水层结构的需求。例如，煤层厚度较大的区域、垮落带偏高的切眼地段、仰斜开采的终采线地段以及松散层底部局部强富水性的地段等。然而，该方法也存在一定的局限性。一方面，为了控制导水裂隙带的发育高度，可能需要牺牲部分煤炭资源，导致采出率降低；另一方面，限高开采对开采技术和工艺的要求较高，增加了开采成本和难度。

（2）充填保水采煤技术

充填保水采煤的基本原理是将固体材料直接填充于采空区作为代替煤体支撑顶板，从而有效控制上覆岩层移动和变形，避免导水断裂带发育，达到保水采煤的效果。目前有局部充填保水采煤技术、条带充填保水采煤技术、固体充填保水采煤技术、胶结充填保水采煤技术和注浆保水采煤技术等。充填保水采煤技术具有工作面无明显来压现象，地表沉降量小等优点，理论上可以实现煤炭资源的全部回收，但是存在经济效益相对偏低和充填材料用量很大等问题，因此该方法只能在局部区域应用。具体分类如图 5-44 所示。

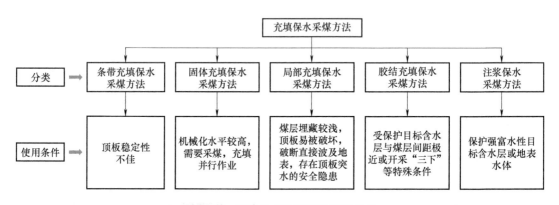

图 5-44 充填保水采煤技术主要分类

（3）窄条带保水采煤技术

窄条带开采是将要开采的煤层区域划分为条带形状，采一条、留一条。留下的条带煤柱能够支撑上覆岩层，使上覆岩层发生相对于全采比较轻微的、均匀的移动和变形，从而保护隔水层结构不会因采动破坏，实现保水开采。但是，窄条带开采控制覆岩移动变形是建立在牺牲煤炭回收率基础上的。这也是限制窄条带开采技术进一步推广应用于保水采煤乃至"三下"采煤的主要原因。

### 5.4.3　煤与共伴生资源协调开采

煤的共伴生资源是指在煤的形成和聚集过程中，与煤层一起共生、伴生的其他矿产资源，实现煤与共伴生资源的协调开采是未来我国煤炭行业发展的重要方向。煤与瓦斯共采、煤与天然气协调开采是两种常见的情况。

#### 5.4.3.1　煤与瓦斯共采

煤层瓦斯是煤炭的伴生矿产资源，我国瓦斯资源量大，与天然气总量相当，但大部分矿区煤层透气性低，瓦斯抽采难度大，严重威胁煤矿安全生产。煤与瓦斯共采就是把煤炭和瓦斯都作为资源开采的一种科学采矿方法，是将煤炭开采与瓦斯抽采综合为一体的资源协调开发模式。通过将原来独立的煤炭开采和瓦斯抽采两个系统有机结合在一起，采用煤矿瓦斯抽采或煤层气开采的形式，实现瓦斯抽采量的最大化，从而达到分阶段或同阶段对煤炭与瓦斯（煤层气）都作为资源开发利用的目的。

##### 1. 煤与瓦斯共采基础理论

煤与瓦斯共采的基础理论主要包括采动煤岩体 O 形圈理论和煤与瓦斯共采高位环形体理论。煤层开采后上覆岩层关键层破断会形成砌体梁结构，在采空区四周存在一个沿层面横向连通的采动离层发育区，其形状与基本顶岩板破断的 "O-X" 形相似，被称为采动裂隙 O 形圈，如图 5-45 所示。

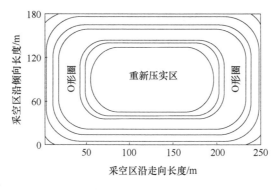

图 5-45　O 形圈理论

采动裂隙 O 形圈的存在为采空区瓦斯流动和储存提供了通道和空间，O 形圈相当于一条 "瓦斯河"，周围煤岩体中的瓦斯解吸后通过渗流不断地汇集到这条 "瓦斯河" 中，因此，上覆煤层卸压瓦斯抽采与覆岩采矿裂隙场的分布规律紧密相连。根据煤与瓦斯共采的特点，高流量、高浓度的高效瓦斯抽采应在高瓦斯解吸程度、高水平渗透率和高浓度瓦斯分布的范围内进行。三维空间内高效瓦斯抽采范围在形状上表现为在采空区一定高度之上、具有一定宽度、并按一定角度往高度方向延展的一个环形体结构，被称为瓦斯高效抽采的高位环形体。高位环形体明确界定了高流量、高浓度的高效瓦斯抽采范围，对煤与瓦斯高效共采、瓦斯治理、瓦斯防突及瓦斯利用等都具有十分重要的指导意义。

**2. 煤与瓦斯共采方式**

按照煤与瓦斯两种资源开采的先后顺序，可将煤与瓦斯共采分为以下三种形式：

（1）先采瓦斯后采煤

预先抽采部分瓦斯，消除突出危险，提高开采安全性，如图 5-46 所示。主要抽采方法包括地面垂直钻井预抽瓦斯、地面定向长钻孔预抽瓦斯、煤矿井下顺层钻孔预抽瓦斯和顶底板穿层钻孔预抽瓦斯等。一般应用于煤层渗透率较高、煤层埋藏较浅的矿区。

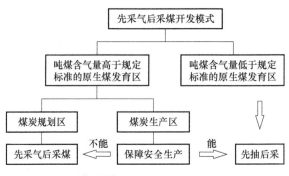

图 5-46　先采瓦斯后采煤

（2）煤与瓦斯同采

在掘进工作面掘进和采煤工作面回采的同时，利用工作面前方应力变化使煤层透气性增加的有利条件，抽采煤体内瓦斯。同时采用顶板走向钻孔或巷道抽采工作面采空区积聚的大量瓦斯，既避免了采空区瓦斯涌入工作面造成上隅角瓦斯积聚和回风流瓦斯超限，又将采空区高浓度瓦斯抽至地面得以利用，如图 5-47 所示。主要抽采方法包括煤矿井下巷道法抽采、无煤柱钻孔法抽采和地面钻井法抽采。一般应用于渗透率较低的高瓦斯和煤与瓦斯突出的煤层群。

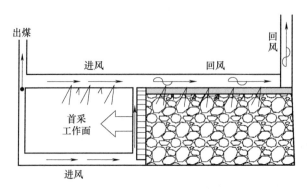

图 5-47　煤与瓦斯同采

（3）先采煤后采瓦斯

多开气源，确保利用，在采煤工作面或采区结束后，对密闭的采空区进行抽采。主要抽采方法包括利用已有巷道（钻孔）抽采、密闭墙内接管抽采和地面钻孔抽采等，如图 5-48 所示。一般应用于非煤与瓦斯突出和邻近层瓦斯含量高的瓦斯煤层。

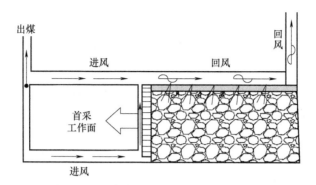

图 5-48　先采煤后采瓦斯

此外，在煤层群开采条件下，首先开采瓦斯含量低、无突出危险的首采煤层，利用其采动影响使处在其上部和下部的煤层卸压，煤层透气性成百倍地增加，从而形成高效的瓦斯抽采条件，同时进行的卸压瓦斯高效抽采既解决了由卸压煤层向首采煤层涌出瓦斯问题，保障首采煤层实现安全高效开采，又大幅度地降低了卸压煤层的瓦斯含量，消除了煤与瓦斯突出危险性，为在卸压煤层内实施快速掘进与高效采煤方法提供了安全保障，从而实现了煤炭与瓦斯两种资源的安全高效共采。安全层开采后，在被卸压煤层顶底板设计巷道、钻孔抽采卸压瓦斯基本原理如图 5-49 所示。

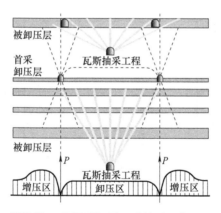

图 5-49　煤层群卸压开采抽采瓦斯原理

#### 5.4.3.2　煤与天然气协调开采

我国一些矿区赋存大量的煤与天然气重叠赋存资源。例如，新街矿区与中石油苏里格、中石化大牛地天然气矿权完全重叠，矿区约 68% 的面积与苏里格气田东区重叠，另外约 32% 的面积与中国石化的大牛地气田重叠。

普遍而言，煤和天然气重叠赋存资源在垂直方向分布距离比较大。例如，新街矿区含煤地层为侏罗系中下统延安组，可采煤层 15 层，埋深为 600~1000m。而天然气资源主要储集层为下二叠统山西组山 1 段至中二叠统下石河子组盒 8 段，埋深为 2500~3000m。

煤炭资源或天然气资源的优先单一开发模式势必会造成重叠资源的浪费，实现共赋资源空间上合理、时间上有序的开采就显得尤为重要。

煤与天然气协调开采是指将煤炭与天然气矿权重叠区域进行整体开采规划,在资源重叠区域构建时空上合理、协调、有序的开采技术体系。煤与天然气协调开采主要依靠于"天然气开发走廊"模式,利用天然气定向井、水平井等拥有较大控制距离的特点,天然气开发井组部署将地面采气设施集中规划,天然气井和地面管线均沿天然气开发走廊布置,煤炭在走廊间进行开采,在走廊辐射的天然气资源开采结束后,走廊下压覆煤炭资源可以回收,如图 5-50 所示。

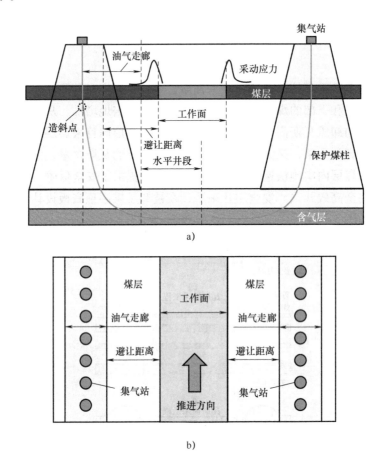

图 5-50　煤与天然气协调开采走廊留设示意图

a)剖面图　b)平面图

### 5.4.4　煤炭地下气化

煤炭地下气化,即煤层气化开采,又称为煤炭原位气化,是指将处于地下的煤炭进行有控制的气化,通过热作用及化学作用转化为可燃气体的工艺过程。作为新一代的化学采煤技术,其集建井、采煤、转化工艺于一体,可实现地下无人生产,从根本上避免人身伤害和各种矿井事故的发生,反应后的灰渣残留地下,避免了大量地面固体废弃物的堆积,可以提高煤炭利用价值,带动电力、化工等传统产业发展,是煤炭清洁高效开发利用的重要方向。

**1. 煤炭地下气化原理**

以一个气化单元为例，煤炭地下气化的工艺过程可以描述为，首先从地面向煤层钻进，构建垂直钻孔或定向钻孔，并使钻孔在煤层内部沟通，形成气化通道。基本的气化单元（又称气化炉）由一口注入井、一口生产井以及位于煤层内的气化通道组成。之后在通道一侧的煤层内点火，从钻孔的一端注入含氧气化剂，包括空气、氧气、水蒸气等，气化剂与煤发生化学反应生成以 $H_2$、$CO$、$CH_4$ 为含能组分的可燃气体，即煤气，生成的煤气从生产井排出（图 5-51）。

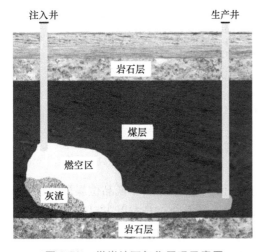

图 5-51　煤炭地下气化原理示意图　　　　图 5-51 彩图

根据气化炉内煤层发生的化学反应及对应的温度不同，反应区可以划分为氧化区、还原区和热解干燥区，如图 5-52 所示。在氧化区，主要是发生煤与氧气的非均相燃烧反应，燃烧反应放出大量的热，为后续反应提供了热量的来源。在还原区，炽热的煤焦与燃烧生成的 $CO_2$ 及地下水蒸发后形成的 $H_2O(g)$ 发生还原反应，生成 $CO$ 和 $H_2$。这两个反应是煤气生成的主要反应，为吸热反应。高温温度场在煤层内沿气化通道的径向和轴向不断扩展，当温度降低至 $6000℃$ 以下时，在热作用下，煤层主要发生热分解，释放出热解煤气，该区域称作热解干燥区。此外，还会发生少量的水煤气变换反应及甲烷化反应。

**2. 煤炭地下气化开采技术类型**

煤炭地下气化通常可分为矿井式地下气化和钻井式地下气化两种技术类型，其分类依据是气化通道的开拓方式。矿井式地下气化是我国针对煤矿遗弃资源回收开发的技术体系，其气化通道是由人工掘进巷道方式建立的，实现过程非常依赖于煤层本身的地理位置和赋存特征。因可以人工操作，矿井式地下气化在后续的点火、布管和检修等过程更方便操作。钻井式地下气化是采用先进的钻井技术建立气化通道，比较依赖于钻井技术的发展水平，如地下定位、导斜技术等。钻井式地下气化对于煤层赋存条件要求较少，适用性强，如在相对薄的煤层中也可以很好地应用。此外，钻井式地下气化炉体建设周期短，可以根据煤层特征灵活多变地设计气化炉型。但钻井式地下气化煤层通道残留的水含量很高，受地下水影响显著，点火难度加大，与矿井式地下气化相比，当点火工作遇到困难时，不方便于人工介入。

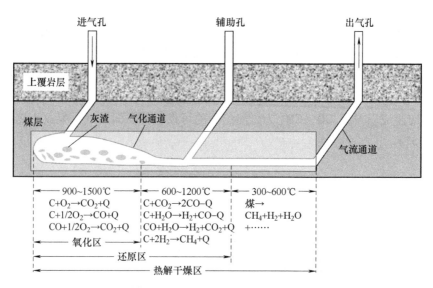

图 5-52　气化炉内反应分区示意图

### 3. 煤炭地下气化开采发展趋势

现阶段，煤炭地下气化开采可优先适用于不可采煤层、低品位煤层及深部煤层的原位开采与转化。深部煤炭地下气化开采是未来的发展方向，具有以下显著优势：

1）我国深部煤炭资源量巨大，煤质适应性广，气化开采可节省煤炭井工开采成本。

2）煤气中甲烷含量高，直接经济效益好。

3）可用地层盐水进行气化，淡水消耗很少，基本不受水资源限制。

4）不破坏、不污染浅层地下水，对环境友好。

5）气化形成的煤穴空间无须回填，并有望用来大规模储存 $CO_2$，对于优质煤穴还可以极低成本建设天然气储气库，具有库容大、运行成本低廉的优势。

随着我国煤炭资源开发逐渐向地球深部进军，未来在对深部煤层资源进行综合地质条件评价、环境影响评价、煤炭地下气化适用性评价的基础上，采用煤炭地下气化技术开采深部煤炭资源，具有良好的发展前景。

## 思　考　题

1. 采煤工艺和采煤方法的定义是什么？两者有什么区别？

2. 走向长壁和倾斜长壁采煤法的优缺点和适用条件分别是什么？

3. 简述走向长壁工作面的运煤路线、运料路线和通风路线。

4. 简述智能开采工作面智能特性指标。

5. 简述充填开采方法的概念及分类。

6. 简述煤炭地下气化的原理及气化炉内的反应分区。

# 第**6**章
# 矿井安全与智能监控

煤矿安全生产的重点是预防和控制各类安全事故的发生，在井工煤矿中，安全事故主要由瓦斯、水、火、煤尘、顶板及冲击矿压事故等灾害引发。矿井通风是保障矿井安全的最主要技术手段之一，本章介绍了矿井通风的基本概念及智能通风系统相关知识，并对各种矿井灾害的基本概念及智能预测预警技术进行了详细阐述。

## 6.1 矿井通风与智能化

### 6.1.1 矿井通风概述

在矿井生产过程中，必须源源不断地将地面新鲜空气输送到井下各个作业地点，以供给人员呼吸，并稀释和排除井下各种有毒、有害气体和矿尘，创造良好的矿内工作环境，保障井下作业人员的身体健康和劳动安全。矿井通风系统是矿井通风方法、通风方式、通风网络与通风设施的总称。矿井通风系统设计合理与否对全矿井的安全生产及经济效益具有长期而重要的影响。

#### 6.1.1.1 矿井通风方法

矿井通风方法是指主要通风机对矿井供风的工作方法。按主要通风机的安装位置不同，分为抽出式、压入式及混合式三种。

**1. 抽出式通风**

抽出式通风是将矿井主通风机安设在出风井一侧的地面上，新风经进风井流到井下各用风地点后，污风再通过风机排出地表的一种矿井通风方法。

抽出式通风的特点：在矿井主要通风机的作用下，矿内空气处于低于当地大气压力的负压状态，当矿井与地面间存在漏风通道时，漏风从地面漏入井内。抽出式通风矿井在主要进风巷无须安设风门，便于运输、行人和通风管理。在瓦斯矿井采用抽出式通风，若主要通风机因故停止运转，井下风流压力提高，在短时间内可以防止瓦斯从采空区涌出，比较安全。因此，目前我国大部分矿井一般多采用抽出式通风。

**2. 压入式通风**

压入式通风是将矿井主通风机安设在进风井一侧的地面上，新风经主要通风机加压后送入井下各用风地点，污风再经过回风井排出地表的一种矿井通风方法。

压入式通风的特点：在矿井主通风机的作用下，矿内空气处于高于当地大气压力的正压状态，当矿井与地面间存在漏风通道时，漏风从井内漏向地面。压入式通风矿井中，由于要在矿井的主要进风巷中安装风门，使运输、行人不便，漏风较大，通风管理工作较困难。当矿井主通风机因故停止运转时，井下风流压力降低，有可能使采空区瓦斯涌出量增加，造成瓦斯积聚，对安全不利。因此，在瓦斯矿井中一般很少采用压入式通风。

**3. 混合式通风**

混合式通风是在进风井和回风井一侧都安设矿井主要通风机，新风经压入式主要通风机送入井下，污风经抽出式主要通风机排出井外的一种矿井通风方法。

混合式通风的特点：能产生较大的通风压力，通风系统的进风部分处于正压，回风部分处于负压，工作面大致处于中间状态，其正压或负压均不大，矿井的内部漏风小。但因使用的风机设备多，动力消耗大，通风管理复杂，一般很少采用。

上述三种通风方法，矿井主要通风机均安装在地面。

**6.1.1.2 矿井通风方式**

按照进、回风井在井田内的位置不同，通风系统分为中央式、对角式、区域式及混合式。

**1. 中央式**

中央式是进、回风井大致位于井田走向的中央。根据回风井沿井田倾斜方向位置的不同，又分为中央并列式和中央边界式两种。

1）中央并列式：如图 6-1a 所示，进、回风井都位于井田走向和倾向的中央，布置在同一个工业场地内。

2）中央边界式：如图 6-1b 所示，进风井位于井田中央，回风井大致位于井田上部边界沿走向的中央，出风井的井底标高高于进风井的井底标高，且不在同一个工业场地内。

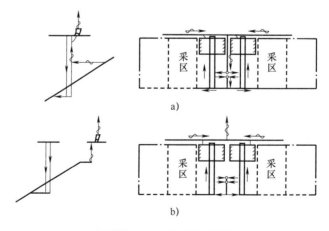

图 6-1 中央式通风示意图

a）中央并列式 b）中央边界式

**2. 对角式**

对角式是进风井位于井田走向的中央，出风井位于井田上部边界沿走向的两翼。根据回风井沿走向位置的不同，又分为两翼对角式和分区对角式两种。

1）两翼对角式：如图 **6-2a** 所示，进风井位于井田走向的中央，两个出风井位于井田上部边界沿走向的两翼。

2）分区对角式：如图 **6-2b** 所示，进风井位于井田走向的中央，在每个采区的上部边界各开掘回风井，无总回风巷。

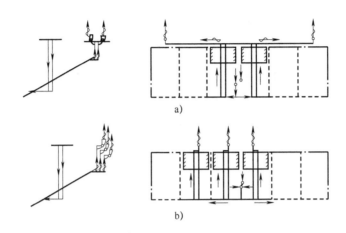

图 6-2　对角式通风示意图

a）两翼对角式　b）分区对角式

**3. 区域式**

区域式通风是在井田的每个生产区域均开凿进、回风井，分别构成独立的通风系统。具有通风路线短、便于选择合适的主要通风机、安全出口多、安全性好等特点。区域式通风适用于特大型矿井或因地质原因需要将井田划分成若干独立生产区域的矿井。

**4. 混合式**

混合式是中央式和对角式的混合布置，因此混合式至少应有 3 个以上的井筒。其形式有中央并列与两翼对角混合式、中央边界与两翼对角混合式、中央并列与中央边界混合式等。

**6.1.1.3　采区通风系统**

采区通风系统是采区生产系统的重要组成部分，它包括采区的进风上山、回风上山和工作面的进风巷和回风巷的布置形式，工作面的通风方式，以及采区内风流控制设施等内容。每一个采区都是矿井通风系统中一个独立的通风区域，它们各自与主要进风巷和回风巷相连，采区通风系统的好坏直接影响矿井的安全生产。

**1. 采区进风上山与回风上山**

我国多采用走向长壁采煤法，一般至少布置两条上山，即运输上山和轨道上山。两条上山，一条进风，另一条回风。

（1）轨道上山进风，运输上山回风

如图 **6-3** 所示，新鲜风流从运输大巷 1，经采区进风石门 2、采区下部车场 11，到轨道上山 4、中部车场，进入区段运输平巷 8′，清洗工作面后，经区段回风平巷，至运输上山 3，进入回风巷 8、回风石门 15，由回风大巷排出。这种通风的优势是新鲜风流不受煤炭释放的瓦斯、煤尘的污染，也不受放热的影响。但轨道上山的上部和中部车场凡与回风巷相连处，均要设风门与回风隔开，为此车场巷道要有适当的长度，以保证两道风门之间有一定的间距，以解决通风与运输的矛盾。

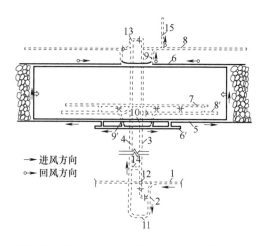

**图 6-3　轨道上山进风的采区通风系统示意图**

1—运输大巷　2—采区进风石门　3—运输上山　4—轨道上山　5、7—运输、进风巷道

6、6′—回风顺槽　8—回风巷　8′—区段运输平巷　9、9′—联络巷　10—区段溜煤眼　11—采区下部车场

12—采区煤仓　13—绞车房　14—采区变电所　15—回风石门

（2）轨道上山回风，运输上山进风

这种通风的特点是运煤设备处在新风中，比较安全。由于风流方向与运煤方向相反，容易引起煤尘飞扬，煤炭在运输过程中释放的瓦斯可使进风流的瓦斯和煤尘浓度增大，影响工作面的安全卫生条件；输送机设备所散发的热量使进风流温度升高。此外，须在轨道上山的下部车场内安设风门，易造成风流短路，同时影响材料的运输。

（3）专用回风上山回风

《煤矿安全规程》规定：高瓦斯、煤与瓦斯突出矿井的每个采（盘）区和开采容易自燃煤层的采（盘）区，必须设置至少一条专用回风巷；低瓦斯矿井开采煤层群和分层开采采用联合布置的采（盘）区，必须设置一条专用回风巷。

**2. 采煤工作面的通风系统**

由采煤工作面及其进、回风巷道所构成的通风路线叫作采煤工作面通风系统。按照采煤工作面进、回风巷的数目和风流的流动路线不同，采煤工作面的通风系统可有多种形式，如U形、Y形、W形、Z形和H形等通风系统。现场比较常用的通风系统有U形通风系统、Y形通风系统、Z形通风系统。

U形通风系统（图6-4）最为简单，采用最广泛；但它的缺点是采煤工作面的采空区一侧的上隅角容易积聚瓦斯。

Y形通风系统（图6-5）对解决回风流瓦斯浓度过高或上隅角积存瓦斯具有良好效果；

但要求工作面的回风巷沿采空区一翼全长预先掘出，且在回采期内要始终维护。

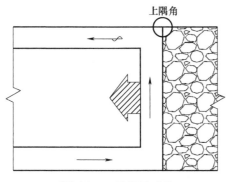

图 6-4　U 形通风系统

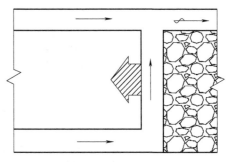

图 6-5　Y 形通风系统

Z 形通风系统（图 6-6）回风巷在采空区内维护，采空区的瓦斯随漏风直接进入回风巷，减少了涌入工作面的瓦斯量，且工作面上隔角不易积聚瓦斯。

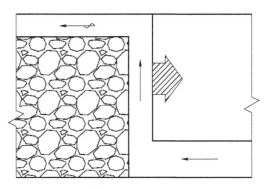

图 6-6　Z 形通风系统

## 6.1.2　矿井智能通风系统

矿井通风智能化技术就是根据井下各个地点的温度、湿度、有害气体和矿尘浓度的变化实时保证供风质量，满足正常时期和灾变时期各用风地点按时按需供风，也是智能采矿不可或缺的重要组成部分。智能通风系统可有效提高通风系统的运行效率和安全性，减少煤矿安全事故的发生。矿井智能通风系统应具备以下特点：

1）实时监测：通过物联网技术对矿井通风系统进行实时监测，及时掌握通风情况，发现异常情况进行预警和处理。

2）数据分析：利用大数据技术对通风系统采集的数据进行分析，建立预测模型，预测通风系统可能出现的问题，提前采取措施避免事故发生。

3）智能控制：利用人工智能技术对通风系统进行智能控制，根据矿井内的实时气体浓度、风量等数据，自动调节通风设备，确保通风系统运行稳定、安全。

4）可视化管理：通过可视化界面对通风系统进行可视化管理，方便管理人员实时了解通风系统的运行情况，进行实时监管和控制。

### 6.1.2.1　智能通风系统架构

矿井通风智能监测及控制系统结构如图 6-7 所示。系统主要由 3 个子系统构成：监测系统、模型与分析系统、控制系统。此系统通过监测全矿通风各子系统相关点的风速、风量、瓦斯等相关参数，并上传到矿井通风监测中心来控制矿井主通风机、局部通风机、风门、风窗等相关设备和设施，对矿井通风系统进行自动调控，目的是实现按需供风，避免矿井出现风流紊乱、风量不足或过度通风，以便在灾变时能够进行有效的风流调节，并合理选择避灾路线，实时改变全矿井或局部工作面的通风情况，同时还能对主要通风机、局部通风机、风门、风窗进行故障诊断，对矿井通风区域的风流实施远程调度与监控。

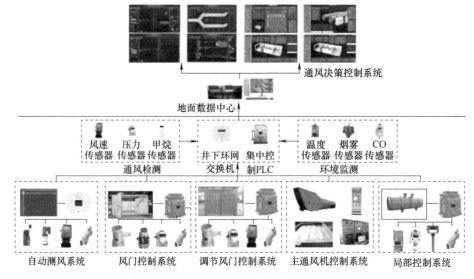

图 6-7　矿井通风智能监测及控制系统结构

### 6.1.2.2　智能通风系统关键技术

**1. 监测系统**

监测系统为模型与分析系统、控制系统以及系统联动提供数据支持，是整个系统的基础。通过在各个测风点安装不同类型的传感器（如温度传感器、湿度传感器、压力传感器、风速传感器），同时利用本安分站将采集的通风数据上传至地面控制室，使其具备实时监测以及报警功能。

监测系统的可视化是以矿井通风系统图为基础，描绘出各地点、各位置处的通风设施，反映通风设施的运行状态，如主扇运转情况、局扇开停、风门开关状态、风窗开度等；实时显示各测风点通风主要参数，如风量、温度、压力等，并以三维模型展示。

**2. 控制系统**

**（1）智能控制主要通风机**

通风机的智能化是通过对风量、风压、温度、振动、频率等数据的在线监测，实现通风参数监测、自适应变频调节风量以及远程控制功能，使其具有"一键启停""一键倒机""一键反风"等控制功能。根据风网监测数据及解算结果调控主要风机在最优状态运行；根据风机状态监测及解算结果实现主扇风机故障预警和维检推送。主要通风机智能控制界面如图 6-8 所示。

**（2）井下风门智能控制**

风门智能控制系统采用 PLC 控制技术和工业以太网通信技术，并具有 485 通信接口，对井下各处风门进行无人值守自动控制。利用上位机对运行状态实时显示及远程控制，达到相关数据的实时监测及报警功能；利用工业以太网将数据传送到地面生产调度中心，极大地提高了响应时间。

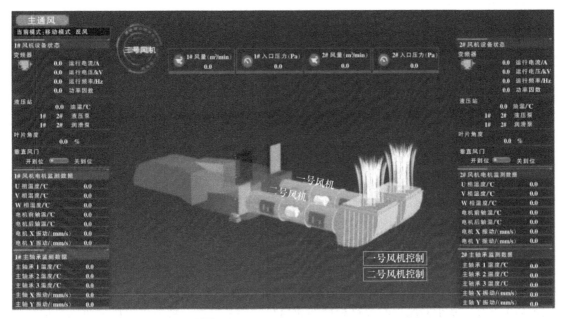

图 6-8　主要通风机智能控制界面

系统通过检测人员车辆和相关传感器参数，控制风门启闭，同时配有语音灯光报警提示，合理调度各风门运行。系统通过上位机监控系统以图形、图像、数据、文字等方式，直观、形象、实时地反映系统工作状态；可以将瓦斯浓度、风速、风压等参数通过 PLC 系统中的通信模块接入以太网及上位机，与监控主机实现数据交换。该系统具有运行可靠、操作方便、自动化程度高等特点，并可以与全矿井自动化平台实现对接，具有直观、操作简单、形象逼真的动态画面和中文显示功能，实现实时报警监视、数据采集、处理、显示及打印功能，并具有安全确认机制以及历史数据记录功能。智能风门控制系统界面如图 6-9 所示。

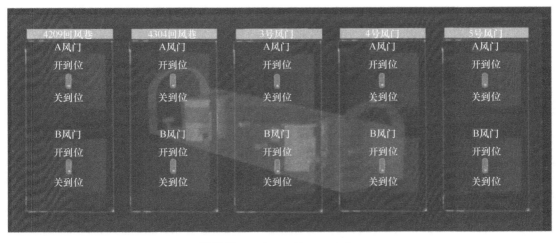

图 6-9　智能风门控制系统界面

（3）井下风窗智能调控

系统采用可调风窗、气动驱动装置、隔爆兼本安型 PLC 控制箱、传感器、摄像仪等硬件，实现风窗智能化监测、调控。动力驱动装置通过减速机连接风窗旋转机构，带动百叶风窗，实现开度变化。隔爆兼本安型 PLC 控制箱检测传感器信号，分析判断，输出信号控制动力驱动装置，进而控制风窗开度变化，实现调控现场风量大小的目的。整个系统为闭环控制系统，有输入设定、反馈，内部运算控制逻辑，实现系统智能控制。配置防爆摄像仪，实现对井下风窗的远程监视。另外，系统配置工业以太网传输接口，通过与井下环网连接，实现地面集控、调度的统一管控。

### 3. 模拟与分析系统

模拟与分析系统通过数据挖掘准确判识通风异常状态、原因与位置，实时预警、研判异常致灾的时效性影响范围与灾害程度，制订井下和井上通风设施、设备的联动调控策略，协同集控执行并反馈决策方案，最大限度地缩小灾害影响范围。

（1）工况点计算

基于需风量的计算和主通风机性能数据库，辅助决策主通风机运行频率或叶片角度，确定最佳工况点。基于需风量的计算和局部通风机性能数据库，辅助决策局部通风机运行频率，确定最佳工况点。基于需风点风量和调节点位置，给出最优的风量调节方案。

（2）可靠度计算

计算每条巷道的灵敏度、可靠度以及通风系统可靠度，评价风流的稳定性。根据灵敏度和可靠度计算结果进行布局，满足通风系统的可测性和可控性。

（3）风机数据模拟

准确输入风机各种工况点反映风量和负压的风机曲线，有利于模拟更加准确。风机数据库可以编辑、添加和删除模型中所有风机数据，支持在线互联网查找风机，动态显示风机运行曲线及数据。此外还可以模拟矿井风网中主通风机不同风量、负压下的运行情况，模拟风机变频、不同叶片角度下矿井通风网络的运行情况。风机数据模拟界面如图 6-10 所示。

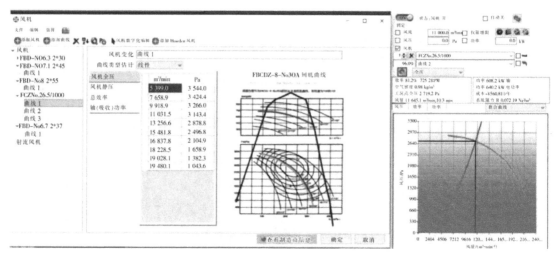

图 6-10　风机数据模拟界面

（4）灾变模拟

模拟灾变烟流的扩散和蔓延过程，动态分析灾害影响区域和范围，能快速进行反风模拟计算，可快速生成最佳避灾与救灾路线。灾变时自动生成调风、控风方案，辅助决策最佳调风、控风方案。

## 6.2　矿井瓦斯灾害防治及其智能监控

### 6.2.1　瓦斯概述

#### 1. 瓦斯的定义

在煤矿生产过程中，由煤、岩层内涌出的各种有毒，有害气体，统称为矿井瓦斯。瓦斯的主要成分是甲烷（$CH_4$），俗称沼气，无色、无味、无毒、微溶于水，在矿井瓦斯中其含量为 80%～90%。另外，在矿井瓦斯中还含有其他烃类（如乙烷、丙烷），以及二氧化碳和稀有气体；个别煤层含有氢气、一氧化碳、硫化氢、氧气等。瓦斯的组成成分及其比例关系因其成因不同而有差别。

#### 2. 瓦斯的性质

矿井瓦斯是植物在成煤过程中的伴生气体。瓦斯在煤岩体中是以游离状态和吸附状态存在的。游离状态的瓦斯以自由气体状态存在于煤体或围岩的裂隙和较大孔隙；吸附状态的瓦斯主要吸附在煤的微孔表面上（吸着状态）和煤的微粒结构的内部（吸收状态）。由于瓦斯比空气轻，故在煤矿巷道上部和顶板附近容易形成瓦斯积聚。在煤矿生产中，瓦斯在一定条件下会燃烧和爆炸，有时可能发生瓦斯喷出或煤与瓦斯突出事故，给井下的设备和人员造成破坏及伤亡。

#### 3. 瓦斯涌出量

瓦斯涌出量是指在矿井建设和生产过程中从煤与岩石内涌出的瓦斯量总和，包括绝对瓦斯涌出量和相对瓦斯涌出量。

（1）绝对瓦斯涌出量

绝对瓦斯涌出量是指矿井单位时间涌出的瓦斯体积，单位为 $m^3/d$ 或 $m^3/min$。它与风量、瓦斯含量有关。绝对瓦斯涌出量的计算公式为

$$Q_g = QC \tag{6-1}$$

式中　$Q_g$——绝对瓦斯涌出量（$m^3/min$）；

　　　$Q$——瓦斯涌出地区的风量（$m^3/min$）；

　　　$C$——风流中的瓦斯体积含量，即风流中瓦斯体积与风流总体积的百分比。

（2）相对瓦斯涌出量

相对瓦斯涌出量是指矿井在正常生产条件下，平均日产 1t 煤所涌出的瓦斯量，单位是 $m^3/t$。其与绝对瓦斯涌出量的关系为

$$q_g = \frac{Q_g}{A_d} \tag{6-2}$$

式中 $q_g$——相对瓦斯涌出量（$m^3/t$）；

$\quad\quad Q_g$——绝对瓦斯涌出量（$m^3/d$）；

$\quad\quad A_d$——日产量（$t/d$）。

瓦斯涌出量中除开采煤层涌出的瓦斯外，还有来自邻近层、围岩以及采空区的瓦斯，故相对瓦斯涌出量通常比瓦斯含量大。矿井瓦斯涌出量是决定矿井瓦斯等级和计算风量的依据。瓦斯涌出量的大小主要取决于自然因素和开采技术因素，如煤、岩的瓦斯含量，煤的物理化学特性，开采规模，回采顺序，落煤方式，通风系统，地面大气压，风压和风量的变化等。

（3）矿井瓦斯等级划分

根据矿井相对瓦斯涌出量、矿井绝对瓦斯涌出量以及矿井瓦斯涌出形式，矿井瓦斯等级划分为以下三类：

1）低瓦斯矿井：矿井相对瓦斯涌出量小于或等于 $10m^3/t$，且矿井绝对瓦斯涌出量小于或等于 $40m^3/min$。

2）高瓦斯矿井：矿井相对瓦斯涌出量大于 $10m^3/t$，或矿井绝对瓦斯涌出量大于 $40m^3/min$。

3）煤（岩）与瓦斯突出矿井：矿井在采掘过程中，只要发生过一次煤（岩）与瓦斯突出，该矿井即定为煤（岩）与瓦斯突出矿井，发生突出的煤层为突出煤层。

## 6.2.2 煤矿瓦斯灾害类型及其防治

煤矿瓦斯灾害事故包括瓦斯爆炸与燃烧、煤与瓦斯突出，瓦斯涌出逸散异常、瓦斯体积分数过高导致窒息等。其中煤与瓦斯突出和瓦斯爆炸以其巨大的破坏力和突发性成为矿井最为严重的灾害之一。

### 6.2.2.1 矿井瓦斯爆炸及其防治

#### 1. 瓦斯爆炸的概念及发生条件

瓦斯爆炸是瓦斯和空气混合后，在一定的条件下遇高温热源发生的剧烈的连锁反应，并伴有高温高压的现象，在瓦斯爆炸过程中，火焰从火源占据的空间不断传播到爆炸性混合气体所在的整个空间。

瓦斯爆炸必须同时具备三个条件：一定含量的瓦斯，高温火源和足够的氧气。

（1）一定含量的瓦斯

瓦斯爆炸的界限含量为 5%~16%。当瓦斯含量低于5%时，瓦斯与空气的混合气体无爆炸性，遇火在火焰外围形成稳定的燃烧层；当瓦斯含量为9.5%时，爆炸威力最大；当瓦斯含量大于16%时，瓦斯与空气的混合气体无爆炸性，也不燃烧，但当有新鲜空气供给时，可以在混合气体与新鲜空气的接触面上进行燃烧。

（2）高温火源

点燃瓦斯的最低温度为650~750℃，电火花、明火、井下火灾、违章爆破引起的火焰、强烈撞击的火花均可达到或超过该温度，故都可引起瓦斯爆炸。

（3）足够的氧气

正常大气压和常温时，瓦斯爆炸浓度与氧气浓度关系如爆炸三角形图所示（图6-11）。

当氧气浓度降低时，爆炸下限变化不大（*BE* 线），爆炸上限则明显降低（*CE* 线）。当氧气浓度低于 12% 时，混合气体就失去爆炸性。

**2. 预防瓦斯爆炸的措施**

预防瓦斯爆炸的关键在于防止瓦斯积聚和引燃。通过加强通风、及时处理局部积存瓦斯及实施瓦斯抽放，可有效避免瓦斯积聚。同时，严格管理和控制生产中可能产生的热源，如明火、电火花、爆破、摩擦火花及静电火源，确保非生产必需热源禁绝，从而防止瓦斯被引燃，保障矿井安全。

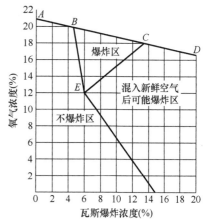

图 6-11　爆炸三角形图

**6.2.2.2　煤（岩）与瓦斯突出及其防治**

**1. 煤（岩）与瓦斯突出的概念**

煤矿地下采掘过程中，在很短时间（数分钟）内，从煤（岩）壁内部向采掘工作空间突然喷出煤（岩）和瓦斯的现象，称为煤（岩）与瓦斯突出，简称瓦斯突出或突出。它是一种伴有声响和猛烈力能效应的动力现象，能摧毁井巷设施、破坏矿井通风系统，使井巷充满瓦斯和煤（岩）抛出物，能造成人员窒息、煤流埋人，甚至可能引起瓦斯爆炸与火灾事故，导致生产中断等，因此煤（岩）与瓦斯突出是煤矿最严重的灾害之一。

**2. 预防煤（岩）与瓦斯突出的措施**

开采有突出危险的矿井，必须采取防治突出的措施。防突措施可以分为两大类：区域性防突措施和局部防突措施。

区域性防突措施是指实施以后可使较大范围煤层消除突出危险性的措施，主要包括开采保护层和预抽煤层瓦斯两种，其中开采保护层是指通过开采无突出危险或突出危险相对较低的煤层（保护层），来降低或消除相邻煤层（被保护层）的突出危险性。

局部防突措施是指实施以后可使局部区域（如掘进工作面）消除突出危险性的措施，主要有松动爆破、钻孔排放瓦斯、水力冲孔、超前钻孔、开卸压槽等。

## 6.2.3　瓦斯灾害智能监测预警

**1. 瓦斯灾害的关联及特征**

导致瓦斯灾害事故的地质因素包括地应力分布特征与煤体的物理力学特性。当瓦斯涌出量增加时，在点火源与氧气的共同作用下，将会导致瓦斯爆炸、瓦斯燃烧等事故；当地应力与煤体的强度较高时，发生煤与瓦斯突出事故的强度就会越高，在工作面强烈采动应力的影响下，将会导致煤与瓦斯突出现象更为剧烈。

无论哪种瓦斯事故，都会出现瓦斯异常的前期征兆，主要包括瓦斯异常逸散与涌出、瓦斯体积分数变化异常、煤层内部信号特征变化异常（如声发射信号、微震信号、电磁辐射信号等）等信息，因此，综合评判声电监测数据与瓦斯涌出数据指标是实现预测、预警的重要基础。

**2. 智能监测预警技术**

瓦斯灾害预警根据预警指标类型分为单因素预警和综合预警。单因素预警是指通过对瓦斯灾害的影响因素进行监测预警，当某个因素超限时发出预警信号，常见的有瓦斯涌出量监测、声发射监测、微震监测等。其中瓦斯涌出量监测通过测量矿井中瓦斯涌出量来评估瓦斯等级；声发射监测则利用煤岩体在应力作用下释放的声发射信号，实时监测其稳定性，具有高灵敏度和宽频率范围的特点，有效预警煤（岩）与瓦斯突出等风险；微震监测通过捕捉岩体破裂产生的微弱地震波，实现高精度定位和全天候实时监测，结合三维可视化技术，精准分析地质灾害。综合预警是将多个因素进行综合分析，如通过对工作面通风状态、地应力、瓦斯涌出量等参数进行监测，并设计综合预警模型，实现瓦斯灾害综合预警。

# 6.3 矿井水灾防治及其智能监控

## 6.3.1 矿井水灾概述

### 1. 矿井水灾的含义

在煤矿建设和生产过程中，以各种形式进入井巷或工作面的任何水源水，统称矿井水。凡影响生产、威胁采掘工作面或矿井安全、增加吨煤成本和使矿井局部或全部被淹没的矿井水，都称为矿井水灾。为了维持正常建设与生产，必须采取相应措施防止水进入矿井，或将进入矿井的水及时排至地面，前者称为矿井防水，后者称为矿井排水。

形成矿井水灾的基本条件：必须有水源，且具备相当的水量，此外还必须有沟通水源与井下巷道的通道，即形成矿井水灾的三要素为水源、水量和导水通道。因此，要避免矿井水灾的发生，应设法使这三个条件不具备或其中一个条件不具备。

### 2. 矿井水灾的水源及其分类

煤矿建设和生产中常见的水源有地面水源和地下水源两类。地面水源来源包括大气降水、河、湖泊、水库、池塘等。地下水源主要有含水层水（又分为潜水、承压水等）、老空积水和构造水。

（1）大气降水

从天空降到地面的雨和雪、冰雹等融化的水，称为大气降水。大气降水是矿井充水的主要来源之一，有时还是唯一的充水水源。在降水量大的地区，矿井充水往往较强，涌水量可能较大，降水量小的地区则相反。

（2）地表水

地表的江、河、湖、海、水库等处的水均为地表水。煤矿在开采浅部煤层时，地表水经过有关通道会进入煤矿井下，形成水患，给生产和建设带来灾害。

（3）潜水

埋藏在地表以下第一个隔水层以上的地下水称为潜水。潜水不承受压力，只能在重力作用下由高处往低处流动。但潜水一旦进入矿井，也可能形成水患。

（4）承压水

处于两个隔水层中间的地下水称为承压水。承压水具有压力，能自喷。自流井和喷泉都是承压水形成的。煤矿地层中，石灰岩裂隙及溶洞中的水多为承压水，具有很大的压力和水量。

（5）老空积水

已经采掘过的采空区，废弃的旧巷道或溶洞，由于长期停止排水积存的地下水，称为老空积水。它很像一个"地下的水库"，一旦巷道或采煤工作面接近或沟通了积水老空区，则会发生水灾，老空积水往往带有酸臭味。因此，在井下遇到酸臭味涌水时，要警惕老空积水的危害。

（6）构造水

处于构造带（如断层、陷落柱等）中的水称为构造水。构造带往往是许多含水层的通道，因此，构造水往往水源充足，对矿井的威胁极大。

## 6.3.2　矿井水灾的危害及其防治

### 1. 矿井水灾的危害

水灾危害是煤矿五大自然灾害之一，在煤矿生产建设过程中，经常会遇到水的威胁。具体表现在以下几个方面：

1）矿井水使井下空气的湿度增加，影响工人身体健康。

2）矿井水的排放，增加煤炭生产成本，使煤炭企业管理难度增加。

3）矿井水的腐蚀作用将缩短设备的使用寿命。

4）矿井水量一旦超过排水能力或突然涌水，会导致停产，甚至造成矿井毁坏、人员伤亡。

5）由于矿井受到水灾危害威胁的工作面而留设保护防水煤柱则会造成资源浪费。

### 2. 矿井水灾的防治

矿井水灾的防治方法很多，概括起来，有地面防水、井下防治水、疏放地下水、截水、堵水等。

（1）地面防水

地面防水是指在地表修筑各种防、排水工程，防止或减少大气降水和地表水渗入矿井。根据矿区不同的地形、地貌及气候，应从下列几方面采取相应的措施。

1）防止井筒灌水：

① 选择合理的井筒位置。井口和工业广场内主要建筑物的标高应在当地历年最高洪水位以上；否则，必须在井口来水方向修筑高台、泄水沟和拦水堤坝，在河流、沟谷附近修筑防洪堤坝、排水沟。

② 防止地表渗水。对流经井田的河流改道或用黏土、料石或水泥铺垫河底；对井田地表较大的溶洞或塌陷裂缝，应在其下部充填碎石和砂浆，上部盖以黏土分层夯实，且略高出地面以防积水。

2）防止地面积水：有些矿区开采后引起地表沉降与塌陷，长年积水，且随开采面积增大，塌陷区范围越广，积水越多。此时可将积水排掉，造地复田，消除水害隐患。

（2）井下防治水

矿井防治水应采取查、探、放、排、截、堵六方面的措施。

1）做好矿井水文地质工作：查明矿井水源、水量和可能涌水的通道，为防治水提供依据。

2）井下探水：矿井必须做好水害分析预报，坚持有掘必探、先探后掘的探水原则。探水或掘进积水地区或排放被淹井巷的积水前，必须编制探放水设计，并采取防治瓦斯和其他有害气体危害等安全措施。

3）疏放地下水：将矿井水源的全部或部分地下水疏放掉是消除水患的措施之一。探到水源后，可根据水源特征、水量大小采取不同的疏放水措施。当水量不大时，可通过放水钻孔放水；水量大时，可另打大孔径钻孔或另掘排水巷道放水。

4）排水：是指利用水泵等排水设备将井下的涌水有效地排出矿井，以防止水患对矿井生产和安全造成威胁。

5）截水：在水体下、含水层下、承压含水层上或导水断层附近采掘时，为防止地表水或地下水涌入工作场所，需要留出一定宽度或高度的煤（岩）层不采动用来截水。另外，还可在适当的地点建筑水闸门和水闸墙。

6）堵水（注浆加固）：堵水是将水泥浆或化学浆液通过管道压入井下裂隙或其他导水通道，浆液经过扩散、凝聚和硬化而起到拦截水源、减少或消除矿井涌水量的作用。注浆加固改造是近年来发展较为成熟的一种针对底板承压含水层矿井防治水技术，可分为地面区域治理技术和井下穿层钻孔注浆加固改造技术，均针对需治理的含水层，从地面或井下对采掘范围内含水层中进行注浆，改造含水层为隔水层和加固隔水层，从而实现降低突水系数的目的。

### 6.3.3 矿井水灾智能监测预警

矿井水灾智能监测预警技术是当前煤矿安全生产中的重要组成部分，它结合了现代传感技术、通信技术、计算机网络技术、大数据分析以及人工智能等多种先进技术，实现对矿井水灾的早期识别、预警和决策支持。

矿井水灾智能监测预警系统主要由感知层、传输层、数据处理层组成，形成了感知、处理、预警的一体化水害预警系统。具体来说，系统包括以下几个部分：

（1）感知层

利用各种传感器（如水位传感器、水压传感器、温度传感器和流量传感器等）来感知矿井地下水的变化情况，实时采集水位、压力、温度和流量等参数。

（2）传输层

数据采集装置将传感器采集到的模拟信号转换成数字信号，并通过有线或无线通信方式（如以太网、GPRS、无线局域网等）将数据传输到监测中心。

（3）数据处理层

监测中心通过数据处理与分析软件对采集到的数据进行处理和分析，包括实时监测、趋势分析、异常报警等操作。一旦发现数据异常，系统将自动发出预警信号，提醒矿井管理人员采取相应的措施。

以 KJ420 水害精准监测及智能预警系统为例，该系统采用"云、边、端"架构，由感知层、传输层、数据处理层组成。通过传感器和遥测分站在地面或井下采集各种水文实时数据，并使用 GSM 网或工业控制网将数据传输至水文信息数据库中。系统能够对采集到的数据进行实时监测、趋势分析、异常报警等操作，为矿井管理人员提供及时的数据支持和预警信息。

随着科技的不断发展，矿井水灾智能监测预警技术将不断突破现有难题，提高预警准确性。未来，该技术将在硬件设备升级（如新型传感器）、人工智能算法、系统集成优化和标准规范完善等方面得到进一步发展，如以"电法+光纤+微震"的耦合监测预警系统为例，该系统可以从"水源、水量和导水通道"三个要素方面进行矿井水害智能监测与预警。

## 6.4　矿井火灾防治及其智能监控

### 6.4.1　矿井火灾概述

#### 1. 矿井火灾的定义及发生条件

矿井火灾是指发生在矿井地面或井下，威胁矿井安全生产，形成灾害的一切非控制燃烧。矿井发生火灾的原因和位置是多种多样的，但构成火灾的基本要素有以下三个方面：可燃物、热源、氧气，这三者被称为火灾三要素。火灾发生的三要素必须同时存在，缺一不可。

#### 2. 矿井火灾的分类

（1）根据矿井火灾发生的地点，分为地面火灾和井下火灾

1）地面火灾：是指发生在矿井工业广场内的厂房、仓库、储煤场、矸石场、坑木场等处的火灾。地面火灾具有征兆明显、易于发现、氧气供给充足、燃烧速度快、有毒有害气体产生量较少、烟雾易于扩散、易扑灭的特点。

2）井下火灾：也叫作矿内火灾，是指发生在井下或由地面火灾波及井下的火灾。井下火灾一般是在空气极其有限的情况下发生的，特别是采空区火灾和煤柱内火灾。

（2）根据矿井火灾发生的原因，分为外因火灾和内因火灾

1）外因火灾：由外部高热源引起可燃物燃烧而造成的火灾称为外因火灾。外因火灾多发生在井口房、井筒、井底车场、石门及机电硐室和有机电设备的巷道等地点。

2）内因火灾（煤炭自燃）：煤炭自身氧化积热而形成的自燃，称为内因火灾或煤炭自燃火灾。这类火灾的特点：可燃物由里及表燃烧，一般发生之前有预兆，根据预兆能够早期予以发现，但发生地点隐蔽，不易发现；即便找到火源，也难以扑灭，火灾持续时间长。

### 6.4.2　矿井火灾的危害及其防治

#### 1. 矿井火灾的危害

矿井火灾危害巨大，不仅产生大量有毒气体（如 $CO$、$CO_2$ 等）导致人员伤亡，还引发

高温蔓延火势，扩大灾害范围，并可能触发瓦斯煤尘爆炸。火灾往往会破坏大量设备设施，造成重大经济损失，同时长期燃烧会污染大气、水源及土地，加剧环境恶化。

**2. 矿井火灾的防治**

矿井火灾的防治必须坚持"预防为主、消防并举"的方针，最大限度地减少矿井火灾的发生和导致的重大伤亡事故。

（1）外因火灾预防

外因火灾的预防主要从三方面着手：一是防止失控的高温热源；二是井下尽可能采用不燃或耐热材料，防止可燃物的大量积存；三是强化火灾前期的预警。

（2）内因火灾预防

内因火灾预防主要涵盖三方面策略：一是优化开拓开采技术，如少留煤柱、快速开采并封闭、下行式开采等；二是加强防漏风措施，合理设计通风系统，正确选择通风构筑物位置；三是采用预防性灌浆、阻化剂注入、均压技术及凝胶防火等方法，隔绝煤与空气接触、减少漏风、抑制煤氧化。

**3. 矿井火灾的处理**

矿井火灾的处理主要采取直接灭火、隔绝灭火及联合灭火法。直接灭火利用水、砂子等材料直接扑灭火源；隔绝灭火则通过封闭巷道隔绝空气，使火区缺氧自然熄灭；联合灭火则在隔绝后，进一步采取灌浆、均压等措施加速灭火进程。

## 6.4.3　矿井火灾智能监测预警

**1. 内因火灾预警技术**

在内因火灾方面，煤矿现场一般根据自然发火标志性气体和温度对煤自燃进行预测预报，分别称为指标气体分析法和测温法。

（1）指标气体分析法

指标气体分析法较为成熟，现场应用较广的主要有两种技术：一种是基于煤矿安全监控系统，实时监测井下空间风流中自然发火标志性气体的浓度，对自然发火进行预测预报，常见的有根据上隅角或回风流 CO 浓度预测采空区自然发火，或者根据煤仓 CO 浓度预测堆煤自然发火；另一种是利用束管监测系统抽取采空区气样进行分析，监测 CO、$C_2H_2$、$C_2H_4$、$CO_2$ 等自然发火标志性气体的浓度变化，对采空区自然发火进行预测预报。

（2）测温法

测温法现阶段主要有以下三种类型：

1）利用红外温度监测仪对煤体表面温度进行非接触式监测，快速判识自燃程度及范围，对自然发火进行预测预报，主要用于浮煤堆、煤壁、煤柱自然发火预警，对采空区等隐蔽空间的自然发火预警较为困难。

2）基于矿井安全监控系统，利用温度传感器监测井下空气温度变化，进行自然发火预测预报。

3）在采空区内埋设温度传感设备，在线监测采空区温度变化，对采空区自然发火进行预测预报。近年来，分布式光纤光栅测温系统被广泛应用，使采空区温度场由原来的"点"

监测变为了"线"监测,提高了发火点的监测、定位精度。

**2. 外因火灾预警技术**

带式输送机和机电硐室容易发生火灾,是煤矿外因火灾预警的重点关注对象。皮带火灾一般采用光纤测温技术进行监测,具有皮带沿线温度全覆盖监测和温度异常点精确定位等优势;机电硐室一般采用感温、感烟和气体火灾探测器进行监测。目前我国已基本实现了输送带火灾和硐室机电设备火灾的探测、报警和联动灭火控制。

# 6.5 矿尘灾害防治及其智能监控

## 6.5.1 矿尘概述

### 1. 矿尘的含义与分类

矿尘是指在矿山生产和建设过程中所产生的各种煤、岩微细颗粒的总称。矿尘的大小称为粒度($D$),单位为 $\mu m$。矿尘按其组成成分可分为岩尘、煤尘;按存在状态可分为浮游矿尘和沉积矿尘;按粒径大小可分为粗粒($D>40\mu m$)、细粒($D=10\sim40\mu m$)、微粒($D=0.25\sim10\mu m$)和超微粒($D<0.25\mu m$)。

### 2. 矿尘的产生与危害

煤矿在开拓、掘进、采煤、运输及提升等各生产环节中,随着岩体和煤体的破坏、碎裂,产生大量的矿尘。矿尘严重危害工作环境与人员健康,长期吸入可致呼吸道疾病、皮肤病乃至尘肺病,且其爆炸潜力和低能见度可增加事故风险,同时矿尘还会侵蚀机械设备,加速磨损,缩短设备使用寿命。

## 6.5.2 煤尘爆炸及防治

煤尘是一种特殊的可燃性粉尘,我国大多数煤矿的煤尘都具有爆炸性。煤尘爆炸是在高温或一定点火能的热源作用下,空气中氧气与煤尘急剧氧化的反应过程是一种非常复杂的链式反应。煤尘爆炸会产生高温、高压、强烈的冲击波和大量的 CO,造成人员伤亡和矿井设备严重破坏。

### 1. 煤尘爆炸的条件

煤尘爆炸必须同时具备三个条件:一是煤尘本身具有爆炸性;二是煤尘必须悬浮于空气中,并达到一定的质量含量;三是存在高温热源。

(1)煤尘的爆炸性

煤尘具有爆炸性是煤尘爆炸的前提条件。煤尘爆炸的危险性必须经过煤尘爆炸鉴定试验确定。煤尘的爆炸性可用煤尘爆炸指数判断。

(2)悬浮煤尘的质量含量

井下空气中只有悬浮的煤尘达到一定质量含量时,才可能引起爆炸。单位体积中能够发生煤尘爆炸的最低和最高煤尘量称为下限和上限质量含量。低于下限质量含量或高于上限质量含量的煤尘都不会发生爆炸。煤尘爆炸的质量含量范围与煤的成分、粒度、引火源的种类和温度及试验条件等有关。一般来说，煤尘爆炸的下限质量含量为 $30\sim50\text{g/m}^3$，上限质量含量为 $1000\sim2000\text{g/m}^3$，其中爆炸威力最大的质量含量范围为 $300\sim500\text{g/m}^3$。

（3）引燃煤尘爆炸的高温热源

煤尘的引燃温度变化范围较大，它随着煤尘性质、质量含量及试验条件的不同而变化。我国煤尘爆炸的引燃温度为 $610\sim1050℃$，一般为 $700\sim800℃$。这样的温度条件，几乎一切火源均可达到，如爆破火焰、电气火花、机械摩擦火花、瓦斯燃烧或爆炸、井下火灾等。

**2. 预防煤尘爆炸的措施**

预防煤尘爆炸的技术措施主要包括减尘、降尘、消除落尘、防止煤尘引燃及限制煤尘爆炸范围等几方面。其中降尘是关键，主要措施有煤层注水、采空区灌水、水炮泥和水封爆破、喷雾洒水和控制风速等。

此外，为限制煤尘爆炸范围扩大，可采取多项措施：撒布岩粉增加煤尘灰分以抑制爆炸传播；设置岩粉棚或水棚，利用岩粉或水吸收爆炸热量，减缓火焰传播；引入自动隔爆棚技术，通过传感器监测并计算火焰速度，适时喷洒消火剂扑灭火焰，有效阻止煤尘爆炸蔓延等。

## 6.5.3 粉尘灾害智能监测预警

在矿山开采领域，粉尘浓度的准确监测对于预防职业健康危害、保障生产安全及环境质量至关重要。随着科技的飞速发展，粉尘浓度监测技术也迎来了前所未有的革新与进展。目前新兴粉尘浓度监测方法有以下几种：微电荷感应法、光纤法以及基于图像法的智能监测技术。

**1. 微电荷感应法**

微电荷感应法是基于空气中流动粉尘颗粒的荷电特性，实现粉尘浓度的监测。粉尘颗粒在流动过程中，由于颗粒与装置壁面以及颗粒之间的碰撞、摩擦、分离，颗粒和输送管道上会产生一定量的微电荷，通过电磁感应技术检测微电荷，并结合现代信号去噪、滤波、放大、转换等技术实现粉尘颗粒的浓度测量。当基于微处理器进行信号获取及处理、传输时可以实现粉尘浓度的实时、在线、快速检测及远距离传输，从而满足智慧矿山建设信息获取的要求（图6-12）。

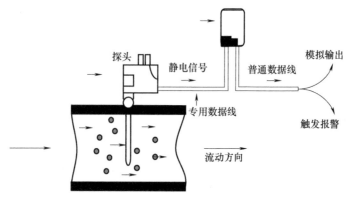

**图 6-12　微电荷感应法工作过程示意图**

微电荷感应法灵敏度高、结构简单、免维护，对运动的颗粒产生反应，对于静态的颗粒或堆积的颗粒具有免疫性，这是其他方法所不具有的。

**2. 光纤法**

光纤法是光电法的一种新型方法，其测量装置主要由两个对准的光纤准直器、光纤光栅、粉尘盒、光学解调探测仪、计算机等组成，工作过程示意图如图 6-13 所示。

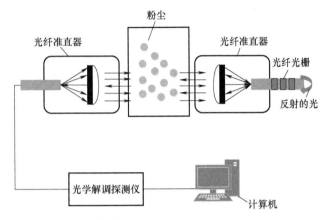

图 6-13　光纤法工作过程示意图

用光纤法测粉尘浓度的方法属于前沿技术，具有体积小、质量轻、易弯曲、抗电磁干扰、抗辐射等特点，适用于易燃、易爆、空间受限及强电磁干扰等恶劣环境，所以在克服如何实现井下的熔接问题后，以光纤作为敏感器件的光纤监测方法应是矿山井下粉尘监测、环境监测的主要监测方法之一。

**3. 图像法**

图像法也是一种新型的粉尘浓度监测方法，该方法基于深度学习等人工智能技术通过对大量的有粉尘和无粉尘图像进行学习，对图像特征进行敏感度分析，选择与粉尘浓度相关性大的衰减特征作为模型的设计变量，与实际测得的粉尘浓度进行逼近运算，最终得到粉尘浓度图像监测模型。

## 6.6　矿井顶板灾害及采场围岩智能控制

### 6.6.1　顶板灾害概述

**1. 顶板灾害的含义**

顶板灾害又称顶板事故，是指在井下采掘过程中，顶板塌落造成的人员伤亡、设备损坏和生产停止的事故。

按照顶板冒落的位置不同，矿井顶板事故可分为采煤工作面顶板事故和巷道顶板事故；按照冒顶范围的大小可分为大面积冒顶和局部冒顶；按照造成冒顶事故的力学原因进行分类，可分为压垮型冒顶、漏冒型冒顶和推垮型冒顶。局部冒顶是指采煤工作面顶板形成局部

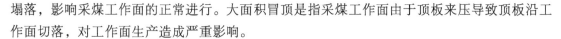

塌落，影响采煤工作面的正常进行。大面积冒顶是指采煤工作面由于顶板来压导致顶板沿工作面切落，对工作面生产造成严重影响。

**2. 顶板灾害的危害**

在煤矿顶板灾害中，采煤工作面是顶板事故的高发区域，占据了绝大多数，其余发生在掘进工作面和其他井巷内，顶板灾害造成的危害主要有以下几方面：

1）无论何种形式的顶板事故，均可导致人员伤亡、埋压毁坏设备、停风和停电，给安全管理带来困难。

2）如果在地质构造带发生冒顶，可能会引起透水事故。

3）在瓦斯涌出区域发生冒顶事故将伴有瓦斯的突出，继而引发瓦斯事故。

## 6.6.2　顶板灾害的防治措施

**1. 采煤工作面顶板事故的防治措施**

（1）支架性能要与开采条件相适应

在采场垂直方向上，支架与围岩相互作用的体系由基本顶、直接顶、支架、底板组成，这一体系中，支架必须与煤层顶板、底板以及煤层的倾角相适应。支架所承受的荷载主要来自直接顶的重力和基本顶通过直接顶传递来的压力，此时支架必须具有足够的支撑能力来平衡顶板压力。同时，基本顶的回转与下沉在一定程度上是不可避免的，因此支架必须具有一定的可缩性，否则支架会被压垮，支架的"缩"是为了更好地"支"和"护"。而支架性能的发挥是以稳定为前提的，支架的稳定性又受顶底板岩性以及煤层倾角的影响。所以，只有支架性能与开采条件相适应才有可能维护好顶板，防止顶板事故的发生，保证矿工设备的安全和生产正常进行。

（2）提高采煤机械化程度

随着支护机械化和智能化水平的提高，采煤工作面顶板能得到快速有效的支护和控制，从而使顶板事故明显减少，人员伤亡大幅下降。因此，提高采煤机械化程度是防治采煤工作面顶板事故的有效途径。

（3）加强工作面支护质量与顶板动态监测

通过工作面支护质量与顶板动态监测，及时了解和掌握工作面支架的工作状况及顶板活动规律，对所发现的问题进行及时处理，从而及时消除事故隐患。

**2. 巷道顶板事故的防治措施**

1）合理布置巷道：根据巷道服务年限的长短，可合理选择布置岩巷和煤巷。

2）选择合理的巷道断面形状和尺寸。

3）选择合理的支护形式（砌碹支护、钢架支护和锚喷支护）。

4）科学监测支护质量和围岩活动状况，及时调整支护方案和处理隐患。

## 6.6.3　采场围岩智能控制

煤矿采场围岩的智能控制是指利用计算机、人工智能等技术，以采场围岩控制相关理论为基础，研究采场围岩系统中各个要素、各种因素对围岩控制的影响，进而为工作面的智能化以及自动化开采提供安全可靠、智能可控的围岩条件。采场围岩系统"大数据多参量智能感知—精准分析模式判别—自主决策—快速自动执行—围岩控制效果实时评价"是实现采场围岩智能控制的主要环节（图 6-14），将工作面采场围岩控制理论及相关的采矿学科理论，与人工智能、系统工程等相关学科相结合，以物联网和多传感技术为核心对采场围岩系统的多参量信息进行精准感知；运用以深度学习为核心的大数据分析、云计算以及人工智能算法对于多源异构数据进行处理和挖掘，建立模型实现对岩层状态动态预测以及装备运行状态的实时分析，实现对采场围岩系统当前所处状态优劣的智能判别，分析过程中不断学习更新、扩充数据库，能够找到当前采场围岩系统的最佳状态需要的各要素最佳参数，基于此对工作面"可控因素"的相关参数进行动态调整。随工作面开采，"感知—分析—判别—调整"的过程往复进行，并不断对围岩系统的控制效果进行实时评价与更新，根据围岩系统的状态制订出稳定可靠的风险防范措施，实现采场围岩系统的智能化控制。

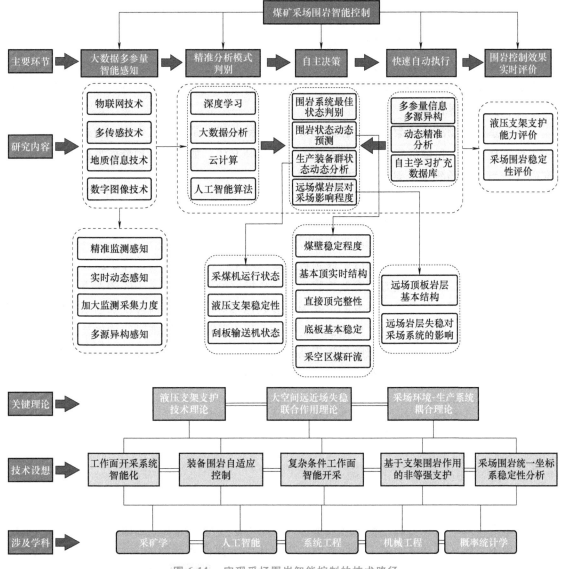

图 6-14　实现采场围岩智能控制的技术路径

采场顶板灾害预警是采场围岩智能控制的重要组成部分，主要是通过监测采场及其邻近煤岩体破断前的微破裂信息、煤岩应力变化、巷道矿压显现等，捕捉灾变前兆预警信息，构建采场顶板灾害预警模型与成套监测预警系统。当前，可实现连续在线监测的采场顶板灾害预警系统，根据其信息获取位置不同，主要分为采场超前段矿压监测预警系统、采场液压支架监测预警系统、采空区风流静压强监测预警系统。

### 1. 采场超前段矿压监测预警系统

采场超前段矿压监测预警系统通常布置在距离采场一定范围的巷道内及工作面前方煤岩体内。目前，应用广泛且可实现连续在线监测预警的系统主要有锚杆（索）支护巷道矿压在线监测预警系统、钻孔应力监测预警系统、电磁辐射监测预警系统、微电流监测预警系统、微震/地音监测预警系统。

### 2. 采场液压支架监测预警系统

综采液压支架作为采煤工作面的主要支护设备，为工作人员提供了安全的生产作业空间，同时也是监测采煤工作面局部矿压显现、周期来压等采场矿压信息的重要对象。针对采场顶板周期来压监测预警，矿井实际生产中应用最多的顶板来压预警指标主要有支架荷载、安全阀开启率、动载比等，通过预警指标与历史垮落步距相结合的方式进行周期来压前兆判识和顶板灾变临界预警。

基于系列采场液压支架监测数据的顶板灾害预警系统，是进行工作面顶板来压灾变预警的主要工具，也是目前经实践验证最有效的监测预警方法，如何提高预警模型鲁棒性与预警准确性是当前采场液压支架预警技术研究的主要难题。

### 3. 采空区风流静压强监测预警系统

采空区风流静压强监测预警系统是通过监测采空区风压状态，掌握采场顶板周期垮落规律，从而监测预警采场顶板下一次来压的时间与强度。

风压冲击灾害由于只在采空区坚硬顶板大面积垮落时出现，常被当作矿压灾害的衍生灾害进行防治，但目前针对这方面有效灾害预警信息提取的研究较少。一般情况下，回采工作面巷道布置及采煤工艺参数是不变的，其通风参数也相对稳定，风流静压强曲线总体在一恒定值附近波动，瞬时变化较小。当采空区顶板大面积垮落时，压强或时间梯度显著增大，所以可通过监测采空区风流静压强随顶板周期性破断的变化规律，分析并捕捉顶板大面积来压前兆的风压特征信息，进而实现采场顶板来压的超前预警。

## 6.7 矿井冲击地压及其智能监测预警

### 6.7.1 冲击地压及其防治措施

#### 1. 冲击地压的概念

冲击地压是矿山压力的一种特殊显现形式，属于矿井动力现象。它通常是指在一定的高应力作用下，煤矿井巷或回采工作面周围的煤岩体由于弹性变形能的瞬时释放而产生突然、急剧、猛烈的破坏现象；常伴随有巨大的声响、煤岩体被抛向采掘空间和气浪等现象，造成煤岩体震动和煤岩体破坏，往往造成采掘空间中支护设备的破坏以及采掘空间的变形，严重时造成人员伤亡和井巷的毁坏，甚至引起地表塌陷而造成局部地震。

**2. 冲击地压的显现特征**

1）突发性：冲击地压发生前一般无明显前兆，冲击过程短暂，持续时间为几秒到几十秒，难以事先准确确定发生的时间、地点和强度。

2）多样性：一般表现为煤爆（煤壁爆裂、小块抛射）、浅部冲击（发生在煤壁 2～6m 范围内，破坏性大）和深部冲击（发生在煤体深处，声如闷雷，但破坏程度不大）。最常见的是煤层冲击，也有顶板冲击和底板冲击。在煤层冲击中，多数表现为煤体抛出，少数表现为数十平方米煤体整体移动，并伴有巨大声响、岩体震动和冲击波；我国冲击地压一般表现为煤层冲击，以破碎煤体从煤壁抛出最为常见，也有极个别情况为上百立方米的煤体整体滑移。

3）破坏性：往往造成煤壁片帮、顶板可能瞬间明显下沉，但一般并不冒落；有时底板突然鼓起甚至接顶；常常有大量煤体甚至上百立方米的煤体突然破碎并从煤壁抛出，堵塞巷道，破坏支架；从后果来看冲击地压往往造成人员伤亡和巨大损失。

4）复杂性：在自然地质条件上，除褐煤以外的各种煤种都记录到冲击地压现象，采深从 200～1200m，地质构造从简单到复杂，煤层从薄层到特厚层，倾角从水平到急斜，顶板包括砂岩、灰岩、油母页岩等都发生过冲击地压。在生产技术条件上，不论水采、炮采、机采或是综采，全部垮落法或是水力充填法等各种采煤工艺，不论是长壁、短壁、房柱式或是煤柱支撑式，分层开采还是倒台阶开采等各种采煤方法都出现过冲击地压。

**3. 冲击地压的防治措施**

冲击地压是由于高应力导致煤岩体内集聚了大量弹性能而埋下的隐患，所以防治措施必须从尽可能减小应力集中和卸压入手。

1）合理的开拓布置和开采方式：实践证明，合理的开拓布置和开采方式对避免应力集中和叠加，防止冲击地压极为有效。

2）开采保护层：开采保护层是防治冲击地压有效的和带有根本性的区域性防范措施。

3）卸压爆破（放震动炮）：包括振震卸压爆破、震动落煤爆破、震动卸压落煤爆破和顶板爆破。

4）煤层注水软化：包括短钻孔注水法、长钻孔注水法和联合注水法。

5）钻孔卸压。

6）定向裂隙：包括定向水力裂隙和定向爆破裂隙。

## 6.7.2 冲击地压智能监测预警

冲击地压的监测预警是基于冲击地压的发生机理及矿山压力、岩石力学等理论知识，围绕冲击地压发生前表现出的强度和能量信息前兆对潜在的冲击危险进行辨识，通过实验室试验或现场仪器监测获得相关信息参量，应用相关评价理论模型，对冲击地压可能发生的时间、空间及破坏强度等方面进行预测。国内外冲击地压监测预报的方法大致分为三大类：第一类是以钻屑监测法、煤岩应力监测法为主的岩石力学方法；第二类是以声发射、微震和电磁辐射为主的地球物理方法；第三类是以综合指数法为主的经验类比分析方法。

**1. 钻屑监测法**

钻屑监测法（煤粉钻孔法）是通过在煤层中打直径为 42~50mm 的钻孔，根据排出的煤粉量、变化规律和有关动力效应鉴别冲击危险性的一种方法，该方法简便易行、适应性强。

**2. 煤岩应力监测法**

煤岩应力监测法是通过监测煤岩体中的应力及变化趋势，来确定冲击地压危险性的一种监测方法。当前煤岩冲击动力灾害应力实时在线监测可以实现对煤体应力的 24h 连续监测，将煤体应力值与应力增量作为冲击危险评价指标。

**3. 地音/声发射监测技术**

地音/声发射是指煤岩体在受载过程中产生的损伤、微破裂、微裂纹的扩展、微破坏等现象，其振动频率一般处于 100~2000Hz 范围内，震动能量一般小于 100J。煤岩体的破坏伴随着声发射现象，煤岩体损伤破坏与声发射之间具有良好的耦合关系，特别是，蠕变的第二阶段是成正比的。声发射的较大变化和持续时间长说明了岩体平衡状态的变化和危险性的变化——危险性增加或降低。根据此原理可对冲击矿压危险性进行评价和预报。

**4. 微震监测技术**

微震（微地震）是指频率小于 150Hz、能量大于 100J 的低频震动现象。微震监测技术是利用监测设备来记录和分析此类现象，从而研究煤岩体受载破坏的一种地球物理学方法。近年来，微震监测技术在煤矿冲击地压监测中得到了广泛应用，加拿大、波兰、澳大利亚、南非等国分别研发了矿山微震监测系统。微震分析中最重要和基础的工作是对震源进行定位和能量计算，关键问题就是震源定位精度问题，其取决于探头（拾震器）监测精度、台网布置和定位算法等因素。井下微震系统在使用时，受限于井下巷道布置，微震监测系统对监测区域的立体包裹不足，易对定位造成较大误差。随着 4G、5G 通信技术的发展，建立基于 4G、5G 通信传输技术与井下微震系统为主的井上下全天候、全天时立体矿井微震监测网络成为破解这一问题的有效途径。

**5. 电磁辐射技术**

电磁辐射监测方法是利用仪器监测煤岩冲击破裂过程中产生的电磁辐射来预测冲击矿压危险。电磁辐射值基本上随着煤岩体荷载的增大而增强；随着加载及变形速率的增加而增强；煤试样在发生冲击性破坏以前，电磁辐射强度一般在某个值以下，而在冲击破坏时，电磁辐射强度突然增加，脉冲数随着荷载的增大及变形破裂过程的增强而增大，显然，利用这一规律可以有效预测冲击地压。根据监测方式不同，电磁辐射监测仪分为连续监测系统和便携式两种。自 20 世纪 90 年代开始，中国矿业大学（北京）率先对煤岩电磁辐射的产生机理、特征、规律及传播特性等进行深入研究，提出电磁辐射预测煤岩动力灾害的原理及方法，研制 KBD5 型便携式电磁辐射监测仪和 KBD7 型在线式电磁辐射监测仪，GDD12 声电传感器和 YDD16 便携式煤岩动力灾害声电监测仪，研发 KJ 系列煤岩动力灾害声电监测系统，在全国多个矿井进行了应用。

**6. 综合指数法**

综合指数法主要是基于自然地质因素和开采技术因素两个方面，其中自然地质因素 7 项指标、开采技术因素 11 项指标，通过指标赋值与综合评判，确定冲击危险综合指数。综合指数法应用范围广、适用性强，是《防治煤矿冲击地压细则》中指定的优先选择使用的预测方法。

## 思 考 题

1. 什么是矿井通风系统？
2. 矿井通风方式有哪几种？各有什么优缺点？
3. 什么是采区通风系统，主要有哪几种方式？
4. 采煤工作面的通风系统有哪几种形式？各有什么优缺点及适应条件？
5. 简述智能通风系统。
6. 什么是矿井瓦斯涌出量？
7. 瓦斯爆炸的条件是什么？防止瓦斯爆炸的措施有哪些？
8. 煤尘爆炸的条件是什么？如何预防煤尘爆炸？
9. 什么是矿井火灾？如何预防矿井火灾？
10. 什么是矿井水灾？如何预防矿井水灾？
11. 顶板灾害的防治措施有哪些？
12. 简述五大灾害的智能监控方法。

近年来，我国煤矿露天开采在技术装备和生产建设方面的发展突飞猛进，涌现出一批世界级的现代化露天煤矿，2022 年全国共有露天煤矿 357 处，产能 11.62 亿 t，平均产能 325 万 t/年，以占比约 8% 的煤矿数量贡献了全国约 23% 的煤炭产量，产量占比较 2000 年提高了 19 个百分点，并且这些露天矿的无人驾驶技术、智能调度技术等智能露天矿山技术都已经达到了国际先进水平。

## 7.1 露天开采概述

露天开采是利用露天沟道和一定的采掘运输设备，在敞露的空间里从地表开始进行矿体的开采作业。为了采出有用矿石，需要将矿体周围及其上部覆盖的岩土剥离掉，并通过露天沟道将矿石和岩土运至地表的卸载地点。因此，露天开采不但要采出有用矿石，而且要剥离大量废石（岩土），岩土剥离是矿石开采的前提，矿石开采则是岩土剥离的目的。

### 7.1.1 露天开采的基本概念

#### 1. 露天采场与台阶

利用矿山设备进行露天开采的场所称为露天采场（图 7-1），它包括露天开采形成的采坑、台阶和露天沟道。

露天开采过程中，通常将露天采场内的矿岩按剥离、采矿或排土作业的要求，划分成若干个具有一定高度的水平或近水平分层，自上而下逐层开采，并保持一定的超前关系，这些阶梯状的分层称为台阶。台阶是露天采场的基本构成要素之一，台阶的基本组成要素如图 7-2 所示。

进行采矿和剥岩作业的台阶称为工作台阶，暂不进行作业的台阶称为非工作台阶。

#### 2. 采掘带、采区与工作线

露天开采时，将工作台阶划分成若干个具有一定宽度的条带，逐条顺序开采，这些条带称为采掘带。采掘带长度可为台阶全长或为其中一部分。若采掘带长度足够且有必要时，可沿采掘带全长划分为若干区段，各自配备独立的采掘设备进行开采，这些区段称为采区。在工作台阶上，已做好采掘准备，即配备采掘设备、形成运输线路和动力供应等的采区称为工作线。采掘带、采区、工作线示意图如图 7-3 所示。

图 7-1　露天采场

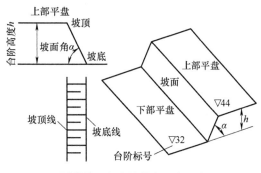

图 7-2　台阶的基本组成要素

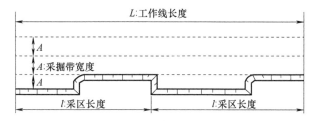

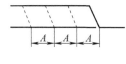

图 7-3　采掘带、采区、工作线示意图

**3. 露天采场的构成要素**

露天采场是由各种台阶组成的。根据组成采场边帮台阶的性质，可将露天采场边帮分为工作帮和非工作帮。工作帮是由工作台阶或将要进行作业的台阶组成的采场边帮（图 7-4 中的 $DE$），工作帮的位置并不固定，随开采工作的进行而不断变化。

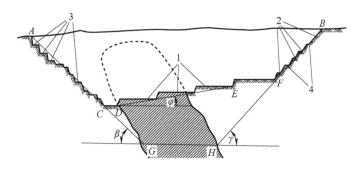

图 7-4　露天采场构成要素

1—工作平盘　2—安全平台　3—运输平台　4—清扫平台

非工作帮是由已结束开采的台阶（非工作台阶）组成的采场边帮（图 7-4 中的 $AC$、$BF$）。当非工作帮位于采场最终境界时，称为最终边帮或最终边坡。位于矿体下盘一侧的边帮称为底帮，位于矿体上盘一侧的边帮称为顶帮，位于矿体两端的边帮称为端帮。

通过非工作帮最上一台阶的坡顶线和最下一台阶的坡底线所作的假想斜面称为非工作帮坡面，非工作帮坡面位于最终境界时称为最终帮坡面或最终边坡面（图 7-4 中的 $AG$、$BH$）。

最终帮坡面与水平面的夹角称为最终帮坡角或最终边坡角（图 7-4 中的 $\beta$、$\gamma$）。

通过工作帮最上一台阶的坡底线和最下一台阶坡底线所作的假想斜面称为工作帮坡面（图 7-4 中的 $DE$）。工作帮坡面与水平面的夹角称为工作帮坡角（图 7-4 中的 $\varphi$）。工作帮上进行采矿或剥离作业的平台称为工作平盘（图 7-4 中的 1），工作平盘是穿爆、采装、运输的场所。

最终帮坡面与地面的交线称为露天采场的上部最终境界线（图 7-4 中的 $A$、$B$）。最终帮坡面与采场底平面的交线称为露天采场的下部最终境界线或底部周界（图 7-4 中的 $G$、$H$）。

最终帮坡面上的平台按其用途可分为安全平台、运输平台和清扫平台（图 7-4）。

**4. 剥采比**

露天矿山在采出矿石的过程中必须剥离大量的岩石。剥离的岩石量与采出的矿石量之比称为剥采比，剥采比常用的单位为 $m^3/m^3$、$t/t$、$m^3/t$。确定露天开采境界所涉及的剥采比有平均剥采比 $n_p$、境界剥采比 $n_j$、生产剥采比 $n_s$、经济合理剥采比 $n_{jh}$。

### 7.1.2　露天开采的特点与智能化

**1. 露天开采的特点**

与地下开采相比，露天开采具有以下特点：

露天开采的优点主要是矿山生产规模大，开采机械化程度高，安全条件和作业条件好，资源回收率高，基建周期短，建设速度快。

露天开采的缺点主要是占用大量土地，需要移运大量的剥离废弃物，受气候条件影响大，对矿床埋藏条件要求严格。

**2. 露天开采智能化**

智能露天矿山，即以矿山数据数字化、生产自动化、管理信息化为基础，结合新的传感器技术、网络通信技术、空间信息技术、人工智能技术等，实现矿山生产及管理的智能感知、辨识、记忆、分析计算、判断和决策、评估考核改进，达到整个矿山的无人化或少人化，实现矿山的绿色、安全、高效。从系统论、控制论、信息论角度来看，智能露天矿山是通过集成先进的感知、计算、通信、控制等信息技术和自动控制技术，构建露天开采过程中人、机、物、环境、信息等要素相互映射、适时交互、高效协同的复杂系统，实现系统内资源配置和运行的按需响应、快速迭代、动态优化。

## 7.2　露天开采主要工艺环节

露天开采的剥离和采矿包括一系列工艺环节，其中矿岩松碎、采装、运输和排土是四个主要生产工艺环节。

### 7.2.1　矿岩松碎工作

矿岩松碎是露天开采的第一道工艺环节，对后续的采装、运输、排土等环节均有重大影响。目前，矿岩松碎的方法主要有机械松碎法、水力松碎法和爆破松碎法，其中爆破松碎是应用最广泛的方法，适用于坚硬矿岩的开采。露天矿岩松碎工作包括穿孔和爆破两项工作。

#### 7.2.1.1　穿孔工作

穿孔工作是在开采和剥离台阶上，按照一定的设计参数，采用穿孔设备钻凿一系列垂直或倾斜的炮孔，以便装入炸药进行爆破。露天矿山常用的穿孔设备是牙轮钻机和潜孔钻机。

牙轮钻机是一种高效率的穿孔设备，可用于钻凿各种硬度的矿岩，是目前国内外大中型露天矿山的主要穿孔设备（图 7-5）。其工作原理是通过回转机构和推压机构使钻杆带动钻头连续转动，同时对钻头施加轴向压力，以回转动压和强大静压使与钻头接触的岩石粉碎。牙轮钻机的钻孔直径一般在 250~380mm，孔深可达 50m，倾角为 0°~90°，以 90°为主。

潜孔钻机可用于各种硬度的矿岩，是我国目前中小型露天矿山和露天煤矿广泛使用的穿孔设备（图 7-6），具有体积小、价格便宜、穿孔速度快等优点。其钻孔直径一般为 100~250mm，孔深在 30m 以内。在特殊要求情况下，最小孔径可达 70mm。潜孔钻机在穿孔过程中，风动冲击器跟随钻头一起潜入孔内，由活塞运动所产生的冲击功直接传至钻头，并借助钻杆上部的回转机构风动冲击，回旋式破碎岩石，孔底粉碎的岩碴则被压缩空气吹出孔外。

图 7-5　DM-H 牙轮钻机

图 7-6　全液压潜孔钻机

图 7-5 彩图

图 7-6 彩图

#### 7.2.1.2　爆破工作

爆破作业是利用炸药爆炸产生的能量将矿岩破碎至一定块度，并形成一定几何尺寸的爆堆。露天矿山爆破质量的优劣直接影响到后续采装和运输工作的效率，其不仅与矿岩性质、地质条件、炸药性能有关，而且与所采用的爆破方法、起爆方法及布孔方式和参数等有关。

露天矿山爆破方法有深孔爆破、浅孔爆破、硐室爆破和裸露药包爆破，其中深孔爆破应用最广泛，通常用于工作台阶的生产爆破以及邻近边帮的控制爆破。实践证明，深孔爆破效果与布孔方式、孔网参数、起爆方法和顺序、矿岩性质及装药结构等有关。

**1. 爆破参数**

深孔爆破台阶要素如图 7-7 所示，$H$ 为台阶高度；$W_d$ 为前排钻孔的底盘抵抗线；$l$ 为钻孔深度；$l_1$ 为装药长度；$l_2$ 为充填长度；$h$ 为超深；$\alpha$ 为台阶坡面角；$b$ 为排距；$B$ 为台阶坡顶线至前排孔口的距离；$W$ 为炮孔的最小抵抗线。为达到良好的爆破效果，必须根据实际情况，合理确定上述各项台阶要素。

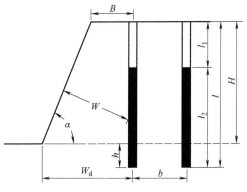

（1）孔径 $d$

孔径 $d$ 主要取决于钻机类型、台阶高度和矿岩性质。现代大型露天矿山的深孔直径一般为 250～310mm，最大达 380～420mm，若采用潜孔钻机时，孔径通常为 150～200mm。

图 7-7　露天矿山深孔爆破钻孔布置与爆破参数

（2）底盘抵抗线 $W_d$

底盘抵抗线 $W_d$ 是指台阶平盘水平上药柱中心至台阶坡底线的距离。为克服爆破时的最大阻力，避免台阶底部出现根底，露天深孔爆破设计时一般采用底盘抵抗线 $W_d$ 作为爆破参数设计的依据。

（3）超深 $h$

钻孔深度由台阶高度和钻孔超深确定。为增强对深孔底部岩石的爆破作用，克服台阶底盘抵抗线的阻力，需对钻孔进行超深处理。

（4）孔距 $a$ 与排距 $b$

孔距 $a$ 是指同排相邻炮孔中心之间的距离；排距 $b$ 是指平行于台阶坡顶线相邻炮孔之间的垂直距离。

（5）炮孔填塞长度 $l$

炮孔填塞长度 $l$ 是指孔内药柱顶面至孔口不装药的距离。炮孔填塞是为了延长爆炸性气体在岩体内的作用时间，提高炸药能量利用率，减弱碎石飞散。

（6）炸药单耗量 $q$ 和每孔装药量 $Q$

炸药单耗量 $q$ 是指爆破单位体积（或质量）矿岩（$1m^3$ 或 1t）平均所需的炸药量，其值可通过试验确定，或参照有关设计资料选取。每孔装药量 $Q$ 通常采用体积公式确定。

（7）微差间隔时间 $\tau$

微差间隔时间 $\tau$ 是指在微差爆破条件下，相邻两段炮孔先后起爆的间隔时间。微差间隔时间的选取，主要与矿岩性质、最小抵抗线、破碎效果、降震要求以及起爆器材等有关。在露天矿山爆破中，所采用的微差间隔时间大多为 25～75ms。通常，在硬岩中取小值，在软岩中取较大值。

**2. 布孔方式与起爆顺序**

露天矿山多排深孔爆破时，台阶平盘上深孔的布孔方式主要有两种，即三角形布孔和方形或矩形布孔。三角形布孔常用于排间微差爆破，其主要优点是后排孔爆破时可以补充前排孔间的爆破作用，但不利于装药和填塞工作的机械化。方形或矩形布孔则常用于掘沟爆破或台阶斜线顺序爆破，其优点是布孔方便，易于实现装药填塞机械化。多排微差爆破的起爆顺序分为排间顺序起爆、斜线起爆、V 形起爆、中间掏槽起爆等（图 7-8）。

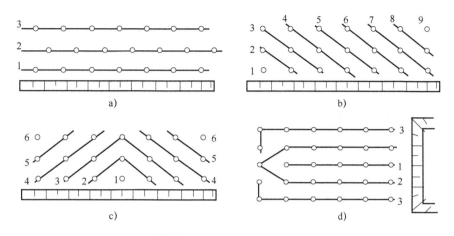

图 7-8　布孔方式与起爆顺序

a）三角形布孔，排间顺序起爆　b）矩形布孔，斜线起爆

c）矩形布孔，V 形起爆　d）矩形布孔，中间掏槽起爆

传统的爆破方法易造成爆破根底，且同段起爆存在药量大、爆破震动相对大等弊端。近年来出现的逐孔起爆技术，在爆破过程中，每个炮孔起爆均相对独立，借助高精度雷管准确延时，通过孔内雷管与地表雷管的合理微差时间组合，使炮孔由起爆点按顺序依次起爆。

## 7.2.2　采装工作

采装工作是利用一定的采掘设备将煤岩从爆堆或台阶中挖出，装入运输或转载设备，或直接卸在指定地点的作业过程。采装工作是露天开采的核心环节之一，改善采装工艺的关键是使采装设备选型与采装工作曲线参数互相适应、主机与辅助作业设备良好匹配。露天矿山常用的采装设备主要有挖掘机（单斗或多斗）、前装机、铲运机、推土机等。

### 1. 单斗挖掘机

挖掘机按铲斗的数目不同，可分为单斗挖掘机和多斗挖掘机两种。单斗挖掘机铲取挖掘力大、作业稳定、安全可靠，是露天矿山主要的挖掘和装载设备，多用于表土剥离、矿岩采装和排土等工作。多斗挖掘机的作业方式是连续的，即多个铲斗连续循环地进行工作，通常用于挖掘松软的岩石或剥离表土。

单斗挖掘机一般由工作部分、回转盘部分、行走部分和电气部分组成。根据铲斗形式不同，单斗挖掘机又可分为正铲（图 7-9）和反铲（图 7-10）。正铲在露天矿山主要用于挖掘停机面以上工作平面的矿岩，而反铲则通常用于挖掘停机面以下的土石方工程，如壕沟、基坑等。

单斗挖掘机的工作面参数是指挖掘机作业面的几何参数，主要包括工作面高度 $h$、采区长度 $L_c$、采掘带宽度 $b_c$、工作平盘宽度 $B$。工作面参数是否合理将直接影响采装效率。软岩采掘工作面和坚硬岩石采掘工作面的参数分别如图 7-11 和图 7-12 所示。

图 7-9 单斗挖掘机（正铲）

图 7-10 液压反铲

图 7-9 彩图

图 7-10 彩图

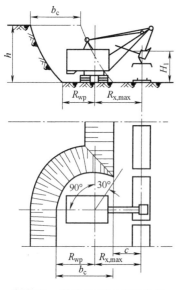

图 7-11 软岩采掘工作面参数

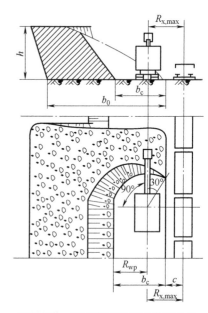

图 7-12 坚硬岩石采掘工作面参数

**2. 辅助设备**

在露天矿山，前装机、铲运机和推土机主要作为辅助设备配合工作面上的主要采掘设备进行平整场地、选择开采等作业，在条件合适的露天采场内也可作为主要的采运设备。

1）对于产状复杂、松软或爆破性良好的矿岩，或有选采要求的薄矿层，可选择前装机进行采装，前装机自采自运的合理运距≤300m。

2）推土机经济运距一般不超过100m，合理运距为60m，主要用于选采工作面或配合其他采装设备作业。通常，一台大型挖掘机一般至少配备一台320～410马力推土机，中型以上轮斗挖掘机一般配备2台以上大型推土机。

3）对于地势平坦、运距短、厚度不大且不含块状物的松软、非黏性剥离物或小而分散的薄矿层，可选择铲运机采装和运输。

露天矿山辅助车辆智能化主要包括辅助车辆自主避障、路径自主规划等内容，旨在通过先进的技术手段，实现与无人驾驶卡车等协同完成采掘排弃任务，提高矿山作业的安全性和效率。相关系统通过感知周围环境、实时监测障碍物，使车辆能够智能避让，降低碰撞和伤害发生的可能性。同时，智能化系统还致力于提高作业效率，通过智能路径规划减少车辆行驶距离，降低燃料消耗，提高资源利用率，从而实现成本降低和生产率提升。

## 7.2.3 运输工作

露天矿山运输的基本任务是将工作面经采装设备装载到运输设备中的煤岩分别运至指定场所（选煤厂、卸煤站或排土场），将生产所需的机械设备、材料以及人员运送到作业地点。运输工作是采装与排土的连接环节，起着中间纽带的作用，在露天开采中占有重要地位。

我国露天矿山常用的运输方式有公路运输、胶带运输、铁路运输以及联合运输。近年来，公路运输在国内外新建矿山得到广泛应用和迅速发展。铁路运输是早期露天开采广泛采用的一种运输方式，主要用于采场空间大的露天矿和地面运输。胶带运输的适用条件较为苛刻，可用于煤岩松软的大型或特大型露天矿。为适应各种开采条件和不同的开采深度，各种联合运输方式正越来越多地获得广泛使用，尤其是在一些大型的深凹露天矿山中有较大的发展。

### 7.2.3.1 公路运输

**1. 运输特点**

20 世纪 60 年代以来，公路运输在露天矿山得到越来越多的应用，尤其是新建的露天矿山，基本上都采用公路运输。与铁路运输相比，公路运输具有线路坡度大、曲线半径小、建设速度快、运输组织和道路维护简单等优点，但也存在运输成本高、合理运距短等缺点。

**2. 矿山道路**

露天矿山道路不同于普通民用公路，其具有线路坡度大、曲线半径小、行车密度和路面承受荷载大、相对服务年限短等特点，要求矿用公路结构简单且具有相当的坚固性与耐磨性。

露天矿山道路一般分为生产干线、生产支线、联络线和辅助线四种类型。露天矿山道路按其设计行车速度、单向行车密度和年运输量可分为三个技术等级，见表 7-1。

表 7-1 露天矿山道路技术等级

| 道路等级 | 设计行车速度/(km/h) | 单向行车密度/(辆/h) | 年运输量/($10^4$t/a) |
|---|---|---|---|
| 一级 | 40 | >85 | >1200 |
| 二级 | 30 | 25~85 | 250~1200 |
| 三级 | 20 | <25 | <250 |

**3. 运输设备**

露天矿山公路运输主要设备是自卸卡车。自卸卡车按其传动方式可分为机械传动、液压传动和电力传动。目前，国内外大型露天矿山普遍使用载重量 200~300t 的电动轮卡车，以及载重量 100t 级的宽体自卸卡车，载重量为 400t 级的电动轮卡车已开始投入使用。另外，无座舱式无人驾驶矿卡和纯电矿卡最近也开始在部分矿山试验应用。

对于露天煤矿，矿用卡车选型应考虑的因素包括车铲配套、煤岩性质、运输距离、运输量等。当运距在 1.0~1.5km 时，卡车载重量与挖掘机斗容的合理匹配比为（4~6）：1。

### 4. 矿用卡车无人驾驶系统

目前，无人驾驶逐渐开始应用于露天矿区开采，是当前露天矿智能化建设中重要的内容之一。无人驾驶是指车辆能够依据自身对周围环境的感知、分析、决策，自行进行路径规划和运动控制，并且可以达到人类驾驶员的水平。矿用自卸卡车无人驾驶系统使矿用自卸卡车可以自主实现装载、运输、卸载、避障、协同等功能。无人驾驶系统涉及多个模块，包括环境感知、地图定位、自主规划、卸载作业等，对于信息传输和硬件都有着较高的要求。

矿用卡车无人驾驶系统通过对卡车进行线控化改造、智能感知与控制等系统硬件安装、无人驾驶软件部署，以实现自动驾驶能力的高集成度软硬件系统。卡车无人驾驶系统整体架构如图 7-13 所示，软件功能包括车载作业管理模块、环境感知模块、高精定位模块、行为决策与规划模块、无人驾驶卡车控制模块、地图采集模块、健康管理与安全监控模块等，具备协同作业、自动驾驶、智能避障、自动卸载、应急接管、安全保障等功能。

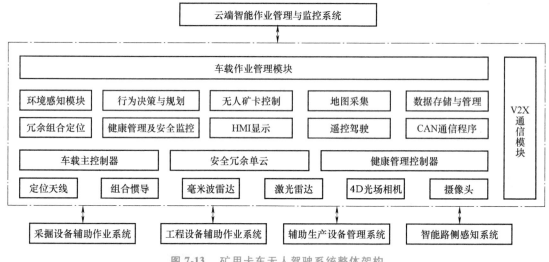

**图 7-13　矿用卡车无人驾驶系统整体架构**

为了更好地控制无人驾驶车辆在矿区运行工作，通常还需要配备露天矿山云端管控系统和多车协同作业管理系统。

露天矿山云端管控系统基于矿区高精度地图和生产作业计划，通过智能调度算法，实现对有人/无人驾驶卡车在整个采装、运输、排土作业流程的智能调度和实时管控，并对与无人/有人驾驶卡车配套的电铲、推土机、辅助作业设备等进行协同作业管理，实现整个矿区的生产作业监控和维护、实时上传作业信息相关的统计报表数据。

多车协同作业管理系统包括采掘设备、工程设备、辅助设备三类作业设备，接收智能作业管理和监控系统的命令，通过语音和显示屏辅助驾驶员完成和无人驾驶卡车协同装载、协同卸载和辅助作业任务执行等功能，从而实现无人运输系统的全流程作业。

#### 7.2.3.2　胶带运输

胶带运输是一种连续运输方式，是实现露天矿山连续生产的重要环节，具有运输能力大、运输距离长、结构简单、运营费用低等优点。在采掘松软土岩时可作为单一运输方式，并配合轮斗挖掘机进行采装作业，真正实现露天矿山连续开采；在采掘坚硬矿岩时可与汽车、移动破碎站等组成联合运输方式，实现露天矿山半连续开采。

**1. 设备类型**

胶带运输的主要设备是带式输送机。普通带式输送机主要由胶带、托辊和支架、驱动装置和拉紧装置等部分组成，其组成与工作原理如图 7-14 所示。

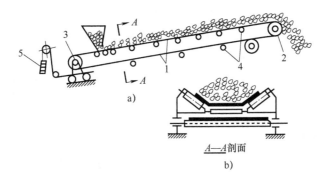

图 7-14　普通带式输送机的组成与工作原理

1—胶带　2—主动滚筒　3—机尾换向滚筒　4—托辊　5—拉紧装置

**2. 主要技术参数**

（1）胶带宽度

露天矿山输送机的胶带宽度取决于运输能力、带速和所运送物料块度，所运送物料块度通常为 600~3200mm，一般不宜小于矿岩块度的 3 倍。

（2）胶带运行速度

带式输送机的胶带运行速度的选择应考虑被运送物料的特性、带宽和转载设备等，通常为 0.7~7.2m/s。

（3）倾角

带式输送机的倾角取决于所运送物料性质。在运送经爆破或破碎的矿岩时，倾角不宜超过 16°；物料下向运送的胶带倾角一般较上向运送小 2°~3°。特殊情况下使用的大倾角胶带输送机的输送角度可以达到 30°~90°。

**3. 带式运输无人值守**

带式运输无人值守系统由综合管控系统（SCADA 系统）、智能调速系统、智能点检系统、视频监控系统和巡检机器人系统组成，主要包括三层架构体系，分别为感知层、系统层和应用层。

感知层主要包括变频器、电动机、摄像头、传感器、巡检机器人和数据采集单元等。传感器包括堆煤、跑偏、烟雾、纵撕、打滑、温度、振动等传感器。

系统层主要包括智能调速系统、智能点检系统、视频监控系统、巡检机器人系统等。主要实现带式输送机速度的智能调节、设备故障预警分析、电子围栏、安全监控、带式输送机巡检等功能。

应用层为综合管控系统，SCADA 系统是以计算机为基础的生产过程控制与调度自动化系统。它可以对现场的运行设备进行监视和控制，以实现数据采集、设备控制、测量、参数调节以及各类信号报警等各项功能。形成管控一体化的数据采集和监控，方便调度员远程控制和监视；对系统采集的数据进行处理和分析，对潜在隐患进行监测和预警。

智能调速系统基于动态煤量智能感知，结合视频信号、激光带式输送机断面煤量监测数据、超声波煤流传感器数据、人工智能算法，可以根据逆煤流方向前级输送机空载时间、煤量大小来控制后级输送设备的启停和运行速度以及控制顺序，实现带式输送机负载分布监测、视频识别和报警、单条带式输送机和整个运输系统的智能化动态运行控制。带式输送机智能调速功能结构如图 7-15 所示。

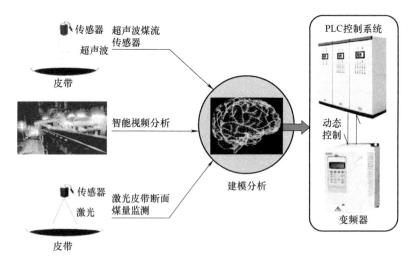

图 7-15　带式输送机智能调速功能结构

设备智能点检系统以点检定修为核心，融合 TPM 设备管理理念，在系统中设定点检计划，使用智能检测器采集数据，计算机处理和查询数据，实现对巡回检查的全过程管理。设备智能点检系统通过实时记录设备运行时过程控制仪表显示的工艺参数（如电压、电流、温度压力、流量等）和观察量（如漏油、异响、部件松动、润滑状况等），并配合测振传感单元进行温度、振动、加速度、速度、位移等的测量，采集、录入、统计分析和诊断反馈设备信息，自动生成设备点检统计分析报表，方便设备管理人员查明故障原因及设备运行异常，制订合理的故障处理措施，降低维护和检修费用，保障设备运行的经济性。

视频监控系统利用 AI 人工智能技术、高清摄像等技术，通过摄像机的移动侦测功能，划设带式输送机安全起车电子边界，防止无关人员闯入，对带式输送机跑偏、大块、撕裂，落料口的堵料进行智能识别监控；当设备起车指令发出时，利用设备安全起车监控技术，以实现有人在禁止区域活动时，相关摄像机实现安全语音报警并禁止设备起车。

智能巡检机器人技术是基于自动巡检技术、云台视频监控与热成像测温技术、托辊自动识别及声音异常识别技术、火灾及烟雾监测技术、自动避障技术、自动充电技术等研发而成。基于视频图像识别技术、热源检测技术、环境探测技术、粉尘浓度检测技术、自动充电技术、自主避障防碰撞技术等，实现廊道内各个角度不同重点部件的图像采集和图像识别、及时报警及预定决策动作；能够准确检测设备表面各个温度数值，并形成热视图像，直观展示设备温度分布情况，快速定位高温故障点；能够准确检测环境中的甲烷、硫化氢、一氧化碳、氧气等气体浓度和烟雾是否超限，及时发现气体泄漏和预警着火；实时定时采集区域内粉尘浓度，实现浓度实时检测及预警；机器人本体检测到电量低，自动寻找充电桩进行充电，充电桩设计为防爆无线充电式，不影响巡检机器人环形运动，自动识别障碍物距离，以及关联输料机系统实现闭锁停机等功能。

### 7.2.3.3　联合运输

联合运输是指两种或两种以上的运输方式相联合，将煤岩从工作面运至地表受矿点或排土场。联合运输的目的在于充分发挥不同运输方式的优点，达到最优的运输效果。

**1. 汽车-铁路联合运输**

一般出现在原先采用单一铁路运输的矿山。随着开采深度增加，采场深部难以布置铁路开拓坑线，采用汽车掘沟以提高新水平准备速度，将原单一铁路运输改为上部采用铁路运输而深部采用汽车运输的联合运输方式（图 7-16）。采用这种联合运输方式，需设置转载站，转载方式可分为直接转载、电铲转载或矿仓转载。

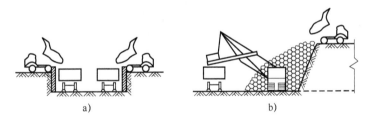

图 7-16　汽车-铁路联合运输转载方式

a）直接转载　b）电铲转载

**2. 汽车-胶带联合运输**

汽车-胶带联合运输是将汽车运输的灵活性与胶带运输的优点结合，由汽车承担采场内工作平盘区段运输，利用带式输送机完成提升输送和地表运输。这种联合运输方式又被称为半连续运输工艺，是当前深凹露天矿或大型露天矿运输的主要发展方向。

汽车-胶带联合运输系统通常由三部分组成：①采场内的汽车集运系统；②从露天采场到卸矿点的带式输送机系统；③联系两个运输系统之间的破碎转载系统。

## 7.2.4　排土工作

露天开采首先需要进行覆盖物的剥离作业，产生大量的剥离废弃物（土岩），剥离废弃物被称为剥离物，大量的剥离物从采场被移走，需要一个较大的场所存放剥离物。堆放剥离物的场所称为排土场。根据排土场的位置，又分为内排土场和外排土场；设置在露天矿山采场境界内的排土场为内排土场，内排土场随工作帮剥采工程的推进而同步向前发展。设置在露天矿山采场境界外的排土场为外排土场，外排土场用于排弃采场境界内容不下的剥离物。任何一个露天矿山都需要设置外排土场，能够实现内排的露天矿山在基本建设和开采初期也需要将剥离物外排，待露天矿山坑内具备内排空间条件后才进行内排。

根据运输方式和排土设备的不同，露天矿山排土工艺可分为铁路运输排土、公路运输排土、胶带运输排土等。

1）铁路运输排土是早期建设露天矿山常用的排土工艺，由铁路机车牵引车辆将剥离的土岩运至排土场，翻卸到指定地点后再用挖掘机、前装机或其他移动设备完成转排工作。

2）公路运输排土是由汽车将剥离的土岩翻卸在排土场边缘后，由推土机配合完成推排与平整场地的工作。其主要缺点是排岩运输费用相对较高，尤其当排岩运距较远时。

3）胶带运输排土：当露天矿采用胶带运输时，由采场运输提供的剥离物，经转载设备后进入排土场内的接收运输机，再输送到卸载运输机后进行排弃作业（图7-17）。

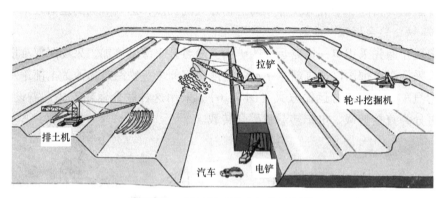

图 7-17　露天煤矿排土作业示意图

# 7.3　露天开采工艺系统

露天开采的剥离和采矿包括一系列的工艺环节，不同的生产工艺有不同的采、运、排设备配备。露天开采工艺系统就是完成采掘、运输、排土三个主要工艺环节的机械设备和作业方法的总称。根据采掘、运输、排土三大环节中使用的设备类型以及作业过程中矿岩流的特征，露天开采工艺系统主要分为间断式、连续式和半连续式三大类。

## 7.3.1　间断式开采工艺

间断式开采工艺系统的主要生产环节均采用间断式作业设备，采装、运输和排土等环节作业间断进行，具有适应性强、技术成熟可靠等特点，在国内外露天矿山广泛使用。常用的间断式开采工艺系统包括单斗挖掘机-铁道、单斗挖掘机-汽车、液压挖掘机-汽车等，下面主要介绍前两种开采工艺系统。

### 1. 单斗挖掘机-铁道开采工艺系统

我国早期的露天煤矿如抚顺露天矿、海州露天矿等均采用单斗挖掘机采装、准轨机车运输、单斗挖掘机或推土机排土的间断式生产工艺。这种工艺系统具有对岩性和气候适应性强、经济合理运距长、生产成本相对较低等优点，也存在基建工程量大、作业灵活性差等不足，目前在新建或改扩建露天矿山使用较少。

**2. 单斗挖掘机-汽车开采工艺系统**

汽车运输具有机动灵活、爬坡能力大、转弯半径小、便于选采等优点，在露天矿山应用广泛。美国、澳大利亚、加拿大等国几乎所有露天矿山均采用汽车运输，我国自 20 世纪 80 年代后新建的露天矿山多采用汽车运输或与汽车联合的联合运输工艺。这一工艺系统的不足之处在于，汽车作业受气候影响大、合理运距短、运输成本高、环境污染大等，多用于地形和矿体产状复杂、经济合理运距一般为 3km、建设速度快的露天矿山以及露天矿山的深部开拓运输。

单斗挖掘机-汽车开采工艺系统（图 7-18）的开采参数包括台阶高度（或爆堆高度）、采掘带宽度、采区长度以及工作平盘宽度。

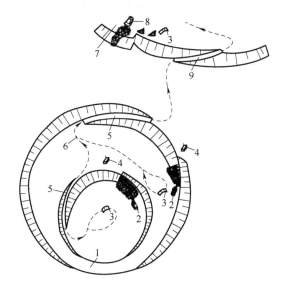

图 7-18 单斗挖掘机-汽车间断式开采工艺

1—露天矿 2—单斗挖掘机 3—自卸汽车 4—穿孔设备 5—采场沟道
6—工作面道路 7—排土场 8—推土机 9—排土场沟道

间断式开采工艺系统内各环节涉及的设备类型和规格繁多，并且彼此之间存在匹配与优化的问题。近年来，随着计算机技术、人工智能技术、现代信息技术的发展，为露天采矿工艺优化提供了新的发展途径。

## 7.3.2 连续式开采工艺

**1. 连续式开采工艺基本概念**

连续式开采工艺系统在采装、运输和排土三大生产环节中，物料的输送是连续的，具有生产能力高、生产成本低等优点，是露天开采工艺的发展方向，但对矿岩性质有严格要求，一般适于开采松软土岩。

露天矿山常用的连续式开采工艺有轮斗挖掘机-带式输送机-排土机连续式开采工艺

（图 7-19）、轮斗挖掘机-运输排土桥开采工艺、轮斗挖掘机-悬臂排土机开采工艺等。其中，轮斗挖掘机-带式输送机-排土机系统在我国的小龙潭露天煤矿、黑岱沟露天煤矿均采用过。

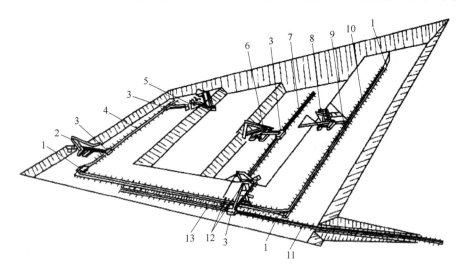

图 7-19　轮斗挖掘机-带式输送机-排土机连续式开采工艺

1—输送机驱动站　2—剥离轮斗挖掘机　3—装载漏斗　4—剥离台阶输送机　5—链斗挖掘机

6—采煤轮斗挖掘机　7—工作面带式输送机　8—悬臂排土机　9—卸料车

10—排土台阶带式输送机　11、12、13—端帮带式输送机

连续式开采工艺系统主要设备包括轮斗挖掘机（采装设备）、带式输送机（运输设备）、悬臂排土机或排土桥（排土设备）。工作面上的煤岩（物料）被斗轮切割后，经斗轮臂上胶带、机体内部转入装载臂，装载到工作面胶带上，经胶带卸料车、排土机受料臂，通过排料臂回转进行排土。主要开采工艺参数包括台阶高度、采掘带宽度、采区长度、工作平盘宽度和水平推进速度等。

**2. 轮斗挖掘机连续开采智能化**

轮斗连续开采工艺具备工艺环节少、自动化程度高等优点，是现有露天开采工艺中最容易实现智能化的开采工艺，但受轮斗挖掘机一直未实现国产化以及设备切割力的限制，该工艺在我国发展缓慢。

轮斗挖掘机智能化控制系统是以分布式可编程逻辑控制器为核心，以全数字化的现场总线组态模式连接现场智能控制检测设备，实现轮斗挖掘机悬臂自动工作区域识别往复回转、自适应记忆切割，皮带机、斗轮、回转、行走自动调速，回转角度、俯仰高度、行走距离自动检测，回转、行走自动防碰撞，行走自动防偏斜，装载点自动对中，人员及设备视频监控等功能；通过物联网，无线通信等技术将轮斗挖掘机现场运行状态、故障报警信息实时与远程集控系统进线数据交互，实现设备的远程控制和监控。

轮斗挖掘机设备群的协同控制技术是确保系统连续性的关键，通过工业物联网技术，将轮斗连续开采装备各机构的控制系统与集控系统连接，运行状态数字信息实时交互。通过人机交互的方式完成运行数据的优化和状态可视化显示，实现远程监控。集控系统根据连续工艺生产要求和采集的设备运行数据，建立多机协同控制。根据轮斗挖掘机设备群优先级启动和联锁工艺程控控制，通过检测的角度、高度、位移运行姿态检测数据、电流、压力、速度、温度等状态监测数据，防撞、跑偏、打滑、极限、过载、堵料等保护检测数据，以及轮斗变频、皮带变频、回转变频调速和多履带变频自动调速，结合优化的自动控制程序，实现轮斗挖掘机与其串联装备连续运行和设备群协同控制。轮斗连续系统远程协同自动控制流程如图 7-20 所示。

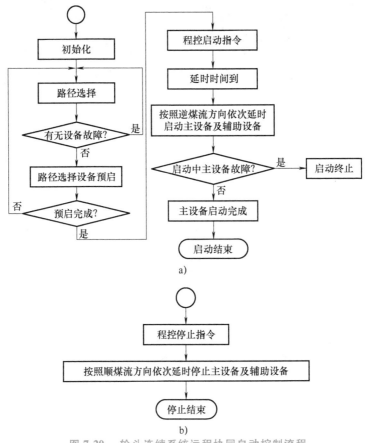

图 7-20　轮斗连续系统远程协同自动控制流程
a）程控启动流程　b）程控停止流程

### 7.3.3　半连续式开采工艺

**1. 半连续式开采工艺基本概念**

针对复杂多样的开采自然条件，许多露天矿山应用了部分环节连续作业、部分环节间断作业的半连续式开采工艺系统，或称间断-连续式开采工艺系统（图 7-21）。具有代表性的半连续式开采工艺系统有单斗挖掘机-汽车-固定或半固定式破碎机-胶带输送机、单斗挖掘机-移动式破碎机-转载机-胶带输送机等工艺。

半连续式开采工艺是露天矿山从开采条件上不能完全适合连续式开采工艺时所采取的工艺措施，特别是在坚硬矿岩条件下采用，必须重点解决矿岩块度、矿岩破碎、破碎机固定方式及移设方式、破碎站移设步距等方面的问题。我国露天煤矿的煤层埋藏条件复杂，不可能以某种单一工艺为主。根据我国露天煤矿平面尺寸与开采深度大的特点,半连续式开采工艺将得到更广泛的应用。

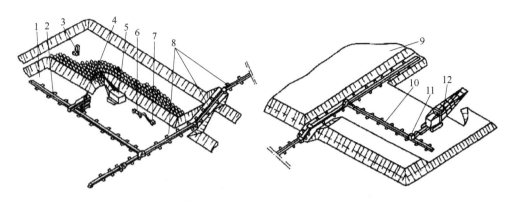

图 7-21 半连续式开采工艺系统

1—露天采场 2—输送机 3—钻机 4—移动破碎机 5—单斗挖掘机 6—大块 7—重锤
8、10—干线、排土台阶输送机 9—排土场 11—卸料车 12—悬臂排土机

**2. 破碎机/移动式破碎站无人值守**

破碎站作为露天开采半连续式开采工艺的核心装备,直接决定了该串联系统的效能、可靠性和技术经济性。然而就国内破碎过程控制现状而言,对破碎过程的控制主要是凭借人工经验判断,严重影响了破碎站生产效率的发挥。破碎系统前后装备的能力匹配差异性、传统的人工控制方式、信息孤立不联动、不能实时故障预警和状态判断等问题,极大地降低了破碎站的运行效率。

破碎站无人值守监控系统框架如图 7-22 所示,基于智能视觉识别、3D 扫描、自动化控制技术实现装煤卡车自动识别及指挥卸车、受料仓料位自动检测、红绿灯自动控制、板式给料机自动调速、带式输送机自动调速、人员及设备视频监控功能。通过总线通信、无线光纤通信、上位机组态等技术,实现系统全流程远程控制、智能控制煤流和速度、一键启停自动运行,实现无人化值守。

### 7.3.4 剥离倒堆生产工艺

当煤层覆盖层不厚且呈水平或近水平赋存时,在采掘设备线性尺寸允许的条件下,可采用向内部排土场直接倒堆的开采工艺(图 7-23)。大型拉铲无运输倒堆工艺是一种先进的露天开采工艺,集采剥、运输、排土作业于一体,将剥离物直接倒堆排弃于露天采空区内,具有设备少、作业效率高、生产成本低、生产能力大等显著特点。美国、澳大利亚、俄罗斯、加拿大等国都有拉铲无运输倒堆工艺应用的实例,我国黑岱沟露天煤矿也成功应用该工艺进行剥离倒堆。

黑岱沟露天煤矿引进的美国 S8750-65 型吊斗铲,对煤层上部岩石采用抛掷爆破-拉铲倒堆剥离工艺,大大提高了剥离工作效率。爆破区宽 85m、长 450m,装药总量 1300~1400t,每孔平均装药量 3~4t,炸药单耗 0.78kg/m³;采用数码电子雷管起爆的方法,起爆方式为孔内延时,逐孔起爆,8ms 内起爆最大药量为 11t,爆堆沉降大约 15m。

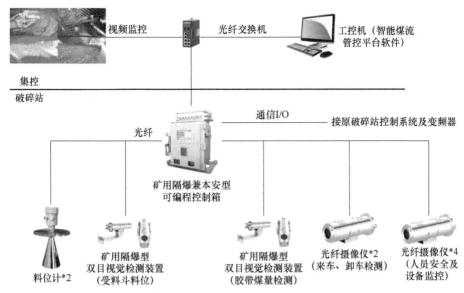

图 7-22　破碎站无人值守监控系统框架

当覆盖层较厚或采用设备线性规格不足时，可以采用两台设备接力的再倒堆方式。图 7-24 所示为机械铲-拉铲接力再倒堆方案示意图，两种设备分别承担一定的倒堆任务。

图 7-23　拉铲无运输倒堆工艺

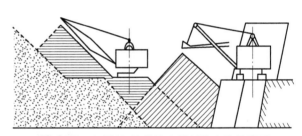

图 7-24　机械铲-拉铲接力再倒堆方案示意图

## 7.4　露天矿生态环境保护

露天开采破坏大量土地，除采场破坏大片植被或耕地外，排土场还覆盖了大片植被或耕地，使矿区固有生态系统的功能丧失或降低；居住区的垃圾和锅炉房或坑口电厂的灰渣，也容易污染土壤。矿山土地复垦就是恢复或重建矿山生产中破坏的土地功能，使其重新恢复有益的用途。

不同的破坏单元需要不同的复垦工程和技术。在此对露天采场、排土场（废石堆），简要介绍复垦的一般工程与技术。

### 7.4.1　表土剥离与储存

土壤是珍贵资源，是矿山土地复垦中恢复植被的必备资源；因此，应把拟开采和占压区的表土预先剥离并妥善储存，以备复垦之用。表土一般分表层土壤（植物生长层）和亚表层土，不同地区和自然条件下的表土层厚度不同，一般表层土壤层约为30cm，亚表层土为30~60cm。混合剥离会降低土壤的肥力，一般应把表层土壤和亚表层土分别剥离，分别储存。剥离表土前，应先清除树根、碎石及其他杂物。剥离土壤的设备和剥离厚度应符合土层的赋存条件，以防止土壤的损失和贫化。采土作业应尽量避免在雨季和结冻状态下进行。

多数情况下，表土剥离与复垦之间有相当长的一段时间，因此，需要设置临时堆场储存表土。临时表土场应设置在地势平坦、不易受洪水冲刷并具有较好稳定性的地方。在表土场坡脚采用编织袋筑围堰、品字形紧密排列的堆砌护坡，起到挡护作用，并在土面进行覆网养护，防止土壤流失。为了防止堆存土壤的质量恶化，表层土壤的堆存高度不宜太大，一般为5~10m；亚表层土的堆置高度不宜超过30m。储存期长的土堆还应栽种一年生或多年生草类，防止风、水侵蚀。表土场外围设置临时排水沟，以导流雨水，使表土堆不受冲刷影响。排水沟断面依据当地的降雨量设计，北方地区排水沟断面一般为底宽0.5m，深0.5m，上宽1m。

### 7.4.2 露天采场复垦

大中型露天矿采场都有高陡边坡，边坡帮坡角一般为45°~55°，边坡垂直高度从数十米到数百米。高陡边坡的稳定性较低，容易发生滑坡，因此，在复垦前应对边坡进行全面或局部改缓或加固，以防止滑坡。深凹露天矿的边坡改缓难度大，可根据实际情况，采用锚杆、钢筋护网、喷射混凝土等护坡措施。

小型露天采场的复垦一般应利用生产中剥离的废石进行充填，平整为与周边地形相协调的地形，然后进行覆土和种植，根据土地破坏前的利用方式和适宜性评价结果，复垦为林地、耕地或草地等。

大中型露天采场的复垦方向一般为恢复植被或建成水体。进行植被恢复复垦时，应利用生产中剥离的废石把露天采场的深凹部分充填至自然排水标高，并设置导流区，以便复垦后的采场具有防洪排水能力，对充填后的采场底部进行平整，覆土和种植。

大中型金属露天矿的边坡陡、边帮上的平台窄，未被充填的台阶一般不具备复垦为梯田形耕地的条件，通常是把平台平整后复垦为林地。平整时注意形成一定的反向（向帮坡倾斜的）坡度，以防止水土流失。台阶坡面为坚硬岩石，倾角一般为45°~70°，很难复垦。

进行植被恢复的露天采场，应视情况在采场外围周边修筑拦截排水沟，以防止边坡侵蚀、水土流失。

将露天矿采坑建成水体也有很多益处，如拦蓄降雨和洪水，补给当地的地下水，有条件时还可配套水利设施用于灌溉、养鱼等。这种复垦方式需要平整露天矿坑的底部，用泥质土壤覆盖有毒的岩石，采取相关措施防止边坡和相邻地域被侵蚀，使采场保持预计水位并保证水的交换，建造为露天矿坑灌水所需的水文工程设施，以及为利用蓄水所必需的其他设施等。

大中型露天采场采坑面积较大、垂直高差大、边帮陡。为了安全，防止人、畜进入造成不必要的伤亡和财产损失，一般应在距采坑周围外部边缘 10m 左右处，每隔一定距离（30m 左右）和通往采坑的道口设立警示牌。对复垦为水体的露天采场，警示牌尤为必要，在危险地段还应安装护栏。

### 7.4.3　排土场复垦

排土场包括露天开采中排弃剥离岩石形成的堆场和地下矿开采中从井下提升到地表的废石排弃形成的堆场（废石堆）。

**1. 排土场整形**

当废石堆弃达到排土场的设计堆置高度后，首先对其顶部平台进行平整，对大块岩石，可先采用液压镐敲碎，碎石填洼垫低；用推土机进行平整、压实。在平台外沿修筑挡水坝，内侧修建排水系统。一般应在废石面上铺设一层黏土，碾压密实，形成防渗层。有毒物质（如酸性土岩、重金属等）出现在排土场表面时，必须实施移除或用专门的方法进行改良，否则铺敷的土壤会受到有毒物质的污染。改良方法一般有石灰处理、去除有毒物质并妥善处置，或用其他无毒物质封盖隔离。在排土场坡脚修筑一定规格的挡土墙，在排土场外围依据地形条件设置必要的截洪沟。

为防止排土场边坡发生坍塌和雨水冲蚀，排土场边坡要缓一些，高排土场要修成阶梯形状。排土场的高度与其边帮角的关系：高度在 40m 以内时，其边帮角不大于 12°；高度在 40~80m 时，其边帮角不大于 8°。边坡需要修成阶梯形时，一般情况下台阶高度为 8~10m，平台宽度为 4~10m，边坡角控制在 15°~20° 范围内。为了防止阶梯受雨水冲刷，应有 1.5°~2° 的横向坡度朝向较高一级的台阶。用大块废石封闭台阶底部，以拦截坡面下移泥沙，保护边坡稳定。大型排土场在排土作业中一般分阶段排弃，阶段高度和平盘宽度的确定除考虑排土工艺、设备等因素外，还应充分考虑复垦的需要，以便使排土作业、堆整边坡和修筑阶梯的工作结合进行，减少复垦工程量。

覆土的排土场表层应整平并稍有坡度，以利于地表积水流出。实践证明，大面积的排土场一次整平是不够的，排土场岩石的不均匀下沉可能使整平后的表面再次出现高低不平。为了使排土场的岩石自然均匀下沉，排土工作结束后可进行第一次整平，相隔一段时间待岩石下沉之后可再次进行整平。

**2. 土壤重构与改良**

金属矿的排土场本身不适合植物生长，需要采取适当措施进行土壤重构与改良。土壤重构与改良的途径一般有客土法、生活垃圾法、保水剂法、菌根法等。根据复垦条件和方向，这些方法可以单独使用，也可以综合使用。

（1）客土法

客土法是通过使用外来表土（剥离储存表土或来自取土场的表土）使排土场适合植物生长。上述的覆土是土壤重构方法之一。大型排土场面积大，采用覆土复垦对表土需求量大、工程量大、费用高，可根据植物种类和排土场岩石性质，采用将表土与排弃岩土按一定比例混合的方式，表土比例以保证植物的成活率和正常生长为原则。这种方式比较适用于露天煤矿，如霍林河矿采用 1∶1 的混合比取得了良好效果。

（2）生活垃圾法

将城镇居民产生的生活垃圾和排弃岩土按一定比例混合，既可以解决生活垃圾的堆放与处理的问题，同时又起到改良土壤的作用。如果需要把排土场复垦为耕地或果园，应对生活垃圾的有害成分及其含量进行测定、分析，保证果实中这些物质含量不超标。

（3）保水剂法

在气候干燥地区，土壤的含水量不能满足植物正常生长的需要，靠人工长期浇水来维持会大幅增加复垦和养护成本，使用保水剂可大大减少灌溉量。在保水剂使用前，先用清水浸泡（400 倍水为宜），让保水剂充分吸水，使其形成黏稠的絮状物质，然后将其拌入靠近植物根系的土壤中或直接浸泡土壤根系，栽植后浇 1 次透水，然后覆土踩实。每株保水剂的用量在一定范围内越多越好，但考虑复垦成本，每株的用量一般约为 2.4g。

（4）菌根法

菌根是真菌与植物根系所形成的共生体，能促进植物的生长，增强植物对不良环境的抵抗力和防止苗木根部病虫害的发生等，特别是能够促进植物对磷元素和氮元素的吸收。通过形成根瘤菌增加土壤的氮含量，不仅有助于植物吸收水分以增强抵抗旱灾的能力，提高幼苗的成活率，促进植物的生长，还能提高土壤质量。菌种可在市场上或培育单位购买，施用量一般为每株 50g（含培养基质），施于植物的根部。

**3. 植物种植**

金属矿的排土场表面为散体岩石，铺敷肥沃土壤前最好先铺垫一层底土。铺敷土壤的厚度依据植物种类和土壤的质量确定。谷物和多年生草类对土壤质量要求较高，其肥沃土壤层不宜低于 30cm，而植树造林则不一定要求铺敷肥沃土壤。

由于排土场生长条件差，应选择能忍受苛酷自然条件、成活率高的植物，适当搭配不同群落和品种。种植的方法一般有两种：一种是直接将种子播入土壤；另一种是将植株、树苗、根茎等移栽土中。

# 7.5 露天矿边坡灾害与智能监测

## 7.5.1 露天矿边坡灾害类型

露天矿边坡是开采矿石后遗留下来的开采边界，从经济开采角度讲，露天矿边坡的角度越大（越陡），开采效益越好，可以少剥离岩石，减小剥离费用，降低开采成本。但过大的边坡角必然导致边坡滑坡等破坏的风险增大，确定经济合理的边坡角是露天矿边坡设计的核心内容。露天矿边坡灾害按其破坏的形态主要分为崩塌、滑坡、倾倒等。

**1. 崩塌**

台阶上部岩体因在风化、生产爆破震动、运输机械震动等作用下脱离母体，发生以竖向位移为主的破坏，下落堆积坡脚的现象称为崩塌，有时还伴有岩石的翻滚和破碎。崩塌会破坏台阶原有设计形状，减小台阶上部宽度，致使台阶无法满足运输、清扫等需要，中断运输线路，增加清扫费用等，严重的崩塌也会改变整个边坡的形状，导致边坡角减小等。

**2. 滑坡**

边坡岩体在自重或其他外部荷载作用下，在较大范围内沿某一平面或曲面整体向下移动的现象称为滑坡。这一平面或曲面称为滑面，整体向下移动的岩体称为滑体。其破坏机理是由于滑面上的剪力大于抗剪强度所致。一般滑体的生成至整个滑动的时间较长，滑坡初期表现为滑体整体的蠕动变形，最后突然滑落，通常滑体解体。这一过程从数日至数年不等。有些滑坡前具有明显的变形特征，有些滑坡前则变形量较小，滑动迹象不明显。滑坡按滑面形状分为平面滑坡、圆弧滑坡和楔体滑坡等。

当结构面的走向平行边坡坡面，倾向和边坡坡面一致，其倾角小于边坡角而大于摩擦角时，边坡岩体易于发生沿结构面的平面滑坡，平面滑坡如图 7-25a 和图 7-26a 所示。当边坡岩土为软弱（土体）或者破碎岩体（废石堆），或边坡岩体的裂隙发育时，边坡易于发生圆弧滑坡。滑面在顺滑动方向的断面上的形态呈圆弧形状，圆弧滑坡如图 7-25b 和图 7-26b 所示。当两个结构面斜交边坡坡面，其交线在边坡坡面出露时，如果此交线的倾角大于结构面的摩擦角而小于边坡角时，则容易发生楔体滑坡。坚硬岩体中的露天矿台阶很多是这种形式破坏的，楔体滑坡如图 7-25c 和图 7-26c 所示。

图 7-26 彩图

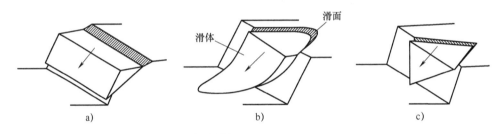

图 7-25　常见滑坡类型

a）平面滑坡　b）圆弧滑坡　c）楔体滑坡

图 7-26　实际露天矿滑坡现场实拍

a）绿泥片岩边坡平面滑坡　b）松散层的圆弧滑坡　c）混合岩中的楔体滑坡

**3. 倾倒**

倾倒是岩体沿与边坡面倾向相反的结构面产生的整体式旋转变形破坏，其主要特点是边坡岩体内部存在着一组与边坡坡面倾向相反而倾角又较大的结构面，该组结构面将边坡岩体切割成许多相互平行的块体，在重力作用下，这些平行的块体缓慢地向外弯曲，发生旋转变形破坏，倾倒破坏如图 7-27 所示。

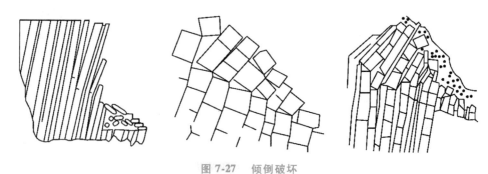

图 7-27　倾倒破坏

由于地质条件存在复杂性，露天矿边坡的破坏常表现为多种破坏形式的组合。图 7-28a 所示为上部张拉开裂与下部剪切滑移的组合破坏形式，图 7-28b 所示为边坡岩体沿两组优势节理组形成的折面型滑动形式。

图 7-28　组合型滑动面

a）沿弱面滑动　b）沿节理面的折面型滑动

合理的措施能够有效预防一些露天矿边坡灾害的发生，从而带来巨大的经济效益和社会效益。目前，常用于露天矿边坡灾害防治的主要方法有削坡卸载、坡脚反压、坡面防护、抗滑桩、锚杆（索）、锚固硐、疏排水、挡墙、微型桩群以及综合加固法等。

### 7.5.2　露天矿边坡灾害智能监测

露天矿边坡的变形主要有地表变形和内部变形两个方面。地表变形的监测包括表面位移监测和岩体倾斜监测。表面位移监测分为绝对位移监测和相对位移监测。绝对位移监测以监测边坡的三维位移量、位移方向、位移速率为主；相对位移监测，主要监测边坡重点变形部位、裂缝、滑动面等点与点之间的相对位移量，包括张开、闭合、错动、抬升、下沉等。岩体倾斜监测，主要监测坡面的角变位与倾倒。边坡内部的变形观测，即用岩体内钻孔等技术手段进行量测岩体内部的变形，包括张开、闭合、错动、抬升、下沉等。

传统的露天矿边坡地表变形监测方法有地质宏观形迹观测法、简易观测法、设站观测法及钻孔测斜法。地质宏观形迹观测法是用常规地质调查方法，对崩塌、滑坡的宏观变形迹象和与其相关的各种异常现象进行定期的观测、记录，以便随时掌握崩塌、滑坡的变形动态及发展趋势，达到科学预报的目的。简单观测法是通过人工直接观测边坡中地表裂缝、鼓胀、沉降等现象。设站观测法是指在充分了解现场工程地质背景的基础上，在边坡上设立变形观测点（线状、网状），设站观测法又可分为大地测量法、GPS 测量法和近景摄影测量法。钻孔测斜法是采用某种测量方法和仪器相结合，测量钻孔轴线在地下空间的坐标位置，通过测量钻孔测点的顶角、方位角和孔深度，经计算可知测点的空间坐标位置，获得钻孔弯曲情况，从而获得边坡深部的变形曲线。目前露天矿边坡智能化监测手段有无人机三维激光扫描（LiDAR）、真实孔径边坡雷达测量（RAR）、合成孔径雷达干涉测量（InSAR）、应力监测、红外热像观测等。

### 1. 无人机三维激光扫描

无人机三维激光扫描是一种新型低空三维空间测量技术，该技术结合了无人机航测与机载三维激光扫描系统的优势，通过点云构建数字高程模型并进行沉降信息提取，得到矿区地面的沉陷情况的三维立体数据。激光扫描仪是系统的核心传感器，通过高速的距离测量和角度测量，获取海量的测量目标点的三维空间坐标。无人机三维激光扫描系统的基本工作原理与传统测量的原理相同，都是通过测得的角度与距离来进行计算，进而得到空间三维激光点的空间坐标。

无人机三维激光扫描系统作业如图 7-29 所示，与传统航空摄影测量技术相比，三维激光扫描技术对地面信息可以比较详细地表达真实情况，其测量速度快，外业工作时间短，并且该系统具有测量精度高、作业成本低等特点。该技术边坡变形监测中有着传统监测手段无法比拟的技术优势，广泛地应用于边坡变形监测。

图 7-29　无人机三维激光扫描系统作业现场实拍　　　　　　　图 7-29 彩图

### 2. 真实孔径雷达技术

真实孔径雷达技术是一种基于差值干涉测量法，利用雷达波测量边坡微小变形的新一代边坡监测预警技术。雷达以亚毫米级度对被测边坡进行分区域、连续、反复的逐行扫描，再通过处理器将扫描数据与前一组扫描数据进行对比解析，从而确定边坡的位移和速度变化程度，并将位移数值和速度数值图形化于计算机界面，无须 DEM 模型辅助，即可直接获得真实的三维变形数据，其扫描方式如图 7-30 所示。其以单个圆形光斑形成的像素点在一定角度下沿被测边坡表面扫描，渐进式地覆盖全部监测区域。通过雷达的步进逐行扫描，获得每个像素点三维空间上的变形数据，再将每个像素点的地理坐标进行集合运算，最终生成的监测云图为三维图像，其监测单元为圆形光斑的像素点。

现场实际工作中，边坡监测雷达往往需要布设在正对被测边坡的位置，这导致雷达距离被测边坡较远（200～3000m），其发射的雷达波在扫描的过程中受自然气候条件（如尘、雾、雨、雪及气压等）影响较大。因此在使用雷达进行边坡稳定性监测预警时，为使采集的监测数据更加准确，需要技术人员校正不同气候参数下对于雷达波的影响，根据边坡现场实际变形情况指定边坡上某一变形相对较小且基本保持稳定的区域，设置为边坡稳定参考区，通过解析边坡稳定参考区扫描数据的相对变化来进行全部扫描数据的校正。

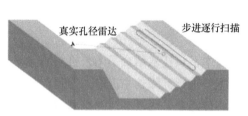
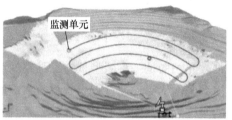

图 7-30　真实孔径雷达扫描方式

图 7-30 动画

真实孔径雷达具有可移动性的特点，其工作平台设计有拖车装置，可以快速布设在任何位置，方便对不同方向的边坡进行监测预警，提高了设备的机动性和灵活性。同时拖车装置带有伸缩支架，可以平稳地固定在地表坡面，避免设备自身的微小位移影响监测数据的准确性。该技术已经广泛应用于大型露天矿边坡监测与预警工作，实现对露天矿边坡灾害的实时监测，有效保障了露天矿山的生产安全。

**3. 合成孔径雷达干涉测量**

合成孔径雷达是一种高分辨率的二维成像雷达观测技术。它作为一种全新的对地观测技术，目前已经成为一种不可缺少的遥感手段。与传统的可见光、红外遥感技术相比，合成孔径雷达具有许多优越性，它属于微波遥感的范畴，可以穿透云层甚至在一定程度上穿透雨区，而且具有不依赖于太阳作为照射源的特点，具有全天候、全天时的观测能力；微波遥感还能在一定程度上穿透植被，可以提供可见光、红外遥感所得不到的某些新信息。

合成孔径雷达干涉测量（InSAR）是一门根据复雷达图像的相位数据来提取地面目标三维空间信息的技术，常用的有地基（Ground-based）InSAR 和星基（Satellite-based）InSAR 两种类型（图 7-31）。InSAR 的基本思想是利用两副天线同时成像或一副天线相隔一定时间重复成像，获取同一区域的复雷达图像对，由于两副天线与地面某一目标之间的距离不等，使得在复雷达图像对同名象点之间产生相位差，形成干涉纹图，干涉纹图中的相位值为两次成像的相位差测量值，根据两次成像相位差与地面目标的三维空间位置之间存在的几何关系，利用飞行轨道的参数可测定地面目标的三维坐标。星基 InSAR 还可以更深入地应用于土地动力学的其他方面，如火山学、气候地貌学、沙漠地形和土壤迁移、海岸过程和侵蚀、灾害风险估计和自然灾害监测（如地震、滑坡）等。这些地表物理运动有可能是断层地区的隆起和弯曲、地震引起的残余位移、地块的沉降等，对于它们的观测可为地震、火山爆发、山体滑坡等灾害发生做出事先预报，减小灾害给人们生命财产带来的损失。

**4. 边坡应力监测**

边坡应力监测主要是测量边坡岩体内不同部位的应力变化情况，通过分析边坡内部应力的变化，来评价边坡的稳定性。根据测量原理的不同，边坡应力监测方法可分为直接法和间接法两大类。直接法包括应力解除法、松弛应变测量法、地球物理方法、水压致裂法等地应力测试方法。间接法是指通过锚索测力计等监测边坡锚索应力的变化，从而对露天矿边坡内部的应力变化等进行评价。中国矿业大学（北京）何满潮院士开发了滑坡地质灾害远程实时摄动监控系统，该系统通过监测边坡岩体内预应力锚索拉力变化，实现滑动力和抗滑力动态的监测，从而对边坡稳定进行动态监控（图 7-32）。

a)

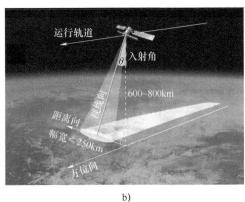
b)

图 7-31　InSAR 现场作业

a）地基 InSAR　b）星基 InSAR

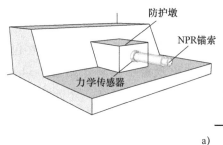
a)

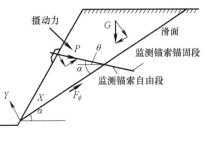

图 7-31 彩图

图 7-31 动画

b)

c)

图 7-32　边坡应力间接监测方法

a）系统原理　b）预应力锚索施工　c）现场数据与采集系统安装

图 7-32 彩图

**5. 红外热像观测**

红外热成像是一种将不可见的红外辐射转化为可见图像的技术。当岩石含水时，水的热容量和热惯量较大,导致在同样的热力学条件下,含水岩石温度变化要小于干燥岩石。此外,含水区域存在蒸发作用,会导致温度比周围岩石低的现象。利用这一技术研制成的装置称为热成像装置或热像仪。热像仪是一种二维平面成像的红外系统,它通过将红外辐射能量聚集在红外探测器上,并转换为电子视频信号,经过电子学处理,形成被测目标的红外热图像,该图像用显示器显示出来(图7-33)。经过几十年的努力,热成像技术已得到了飞速发展,目前国外的热成像装置大致有数百种产品。

图 7-33 彩图

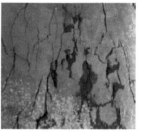

图 7-33 混凝土破裂与渗水过程中试样的热像变化

### 7.5.3 边坡灾害智能化预警平台

边坡变形破坏一般会经历初始变形、等速变形和加速变形三个阶段。大量学者提出了多种判断边坡失稳状态的预警判据(阈值),如变形量、变形速率、变形加速度、位移矢量角、位移切线角、降雨强度预报判据等。根据边坡灾害演变的不同阶段,建立包括安全、警戒和危险等的分级预警模型。某露天矿边坡智能化预警平台设计如图7-34所示,预警平台用于支撑整个地质灾害信息化应用系统建设,包括监测模块、分析模块、预警模块、通知模块和管理模块。系统平台基于GIS地理信息系统,并采用JAVA语言开发,同时适用于主机终端和移动终端,实现在野外通过移动终端访问系统进行现场监测设备调试与信息查询。系统平台通过对监测数据的采集、处理与综合分析,基于预警模型评估灾害可能性,预测灾害时间,发布预警信息并制订应急预案,对露天矿边坡安全状态进行综合管控。

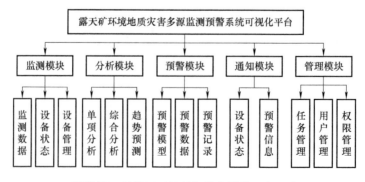

图 7-34 某露天矿边坡智能化预警平台设计

# 思 考 题

1. 试述露天开采的基本特点。

2. 简述露天采场的构成要素。

3. 解释台阶、采掘带、采区、工作线的概念。

4. 简述露天开采的主要工艺环节。

5. 简述露天开采常用的开采工艺系统。

6. 简述矿用自卸卡车无人驾驶系统的功能。

7. 简述破碎站无人值守系统的功能。

8. 露天矿边坡的灾害类型与防治方法有哪些?

9. 露天矿边坡灾害智能化监测的手段有哪些?

# 参考文献

［1］杜计平，孟宪锐. 采矿学［M］. 3 版. 徐州：中国矿业大学出版社，2019.

［2］钱鸣高，许家林，王家臣，等. 矿山压力与岩层控制［M］. 3 版. 徐州：中国矿业大学出版社，2021.

［3］王国法，郭永存，王家臣. 智慧矿山概论［M］. 徐州：中国矿业大学出版社，2023.

［4］王家臣，孙书伟. 露天矿边坡工程［M］. 北京：科学出版社，2016.

［5］王家臣，魏炜杰，张国英，等. 放煤规律与智能放煤［M］. 北京：科学出版社，2022.

［6］赵红泽，曹博. 露天采矿学［M］. 北京：煤炭工业出版社，2019.

［7］郑西贵，吴拥政. 智能井巷工程［M］. 徐州：中国矿业大学出版社，2023.

［8］袁亮. 煤与瓦斯共采［M］. 徐州：中国矿业大学出版社，2016.

［9］王德明. 矿井通风与安全［M］. 徐州：中国矿业大学出版社，2007.

［10］郭金明. 张登明. 采煤概论［M］. 2 版. 徐州：中国矿业大学出版社，2014.

［11］张国枢. 通风安全学［M］. 3 版. 徐州：中国矿业大学出版社，2021.

［12］孙广义，郭忠平. 采煤概论［M］. 徐州：中国矿业大学出版社，2007.

［13］王晓鸣，赵建泽. 采煤概论［M］. 北京：煤炭工业出版社，2005.

［14］张先尘，钱鸣高. 中国采煤学［M］. 北京：煤炭工业出版社，2003.

［15］周英. 采煤概论［M］. 2 版. 北京：煤炭工业出版社，2015.

［16］王家臣. 厚煤层开采理论与技术［M］. 北京：冶金工业出版社，2009.

［17］王家臣，王炳文. 金属矿床露天与地下开采［M］. 徐州：中国矿业大学出版社，2008.

［18］高永涛，吴顺川. 露天采矿学［M］. 长沙：中南大学出版社，2010.

［19］程卫民. 矿井通风与安全［M］. 北京：煤炭工业出版社，2016.

［20］秦跃平. 矿井通风［M］. 徐州：中国矿业大学出版社，2002.

［21］贺高旺. 矿井通风［M］. 太原：山西人民出版社，2010.

［22］谢中朋. 矿井通风与安全［M］. 北京：化学工业出版社，2011.

［23］蔡永乐，胡创义. 矿井通风与安全［M］. 2 版. 北京：化学工业出版社，2013.

［24］刘越. 金属非金属矿井通风作业［M］. 北京：气象出版社，2011.

［25］张延松，王德明，朱红青. 煤矿爆炸、火灾及其防治技术［M］. 徐州：中国矿业大学出版社，2007.

［26］杨胜强. 粉尘防治理论及技术［M］. 3 版. 徐州：中国矿业大学出版社，2023.

［27］常海虎，刘子龙. 矿尘防治［M］. 北京：煤炭工业出版社，2007.

［28］鞠建华，韩见，鞠方略. 中国智能矿山发展趋势与路径分析［J］. 中国矿业，2023，32（5）：1-7.

［29］王国法. 煤矿智能化最新技术进展与问题探讨［J］. 煤炭科学技术，2022，50（1）：1-27.

［30］王国法，徐亚军，张金虎，等. 煤矿智能化开采新进展［J］. 煤炭科学技术，2021，49（1）：1-10.

［31］王国法，庞义辉，任怀伟，等. 智慧矿山系统工程及关键技术研究与实践［J］. 煤炭学报，2024，49（1）：181-202.

［32］王国法，张良，李首滨，等. 煤矿无人化智能开采系统理论与技术研发进展［J］. 煤炭学报，2023，48（1）：34-53.

[33] 袁亮. 我国深部煤与瓦斯共采战略思考 [J]. 煤炭学报, 2016, 41 (1): 1-6.

[34] 袁亮. 卸压开采抽采瓦斯理论及煤与瓦斯共采技术体系 [J]. 煤炭学报, 2009, 34 (1): 1-8.

[35] 程远平, 俞启香. 煤层群煤与瓦斯安全高效共采体系及应用 [J]. 中国矿业大学学报, 2003, 32 (5): 471-475.

[36] 李玉鹏, 刘平, 刘海涛, 等. 矿井通风安全智能实时监测与控制系统研制 [J]. 陕西煤炭, 2024, 43 (4): 128-132.

[37] 刘峰, 曹文君, 张建明, 等. 我国煤炭工业科技创新进展及 "十四五" 发展方向 [J]. 煤炭学报, 2021, 46 (1): 1-15.

[38] 赵晋伟. 煤矿瓦斯灾害大数据智能识别与预警方法 [J]. 煤, 2024, 33 (4): 92-95.

[39] 张庆华, 马国龙. 我国煤矿重大灾害预警技术现状及智能化发展展望 [J]. 智能矿山, 2020 (1): 52-62.

[40] 蔡永乐, 姜有. 采煤概论 [M]. 徐州: 中国矿业大学出版社, 2011.

[41] 刘洋, 丁震. 煤矿安全智能化体系建设思路探讨 [J]. 工矿自动化, 2023, 49 (S1): 18-20.

[42] 王昊, 李杰, 郑闽凯, 等. 煤矿采场顶板灾害预警技术研究进展及展望 [J]. 矿业安全与环保, 2024, 51 (2): 46-52.

[43] 买巧利, 吴学松. 煤矿冲击危险预测与监测预警技术发展现状 [J]. 陕西煤炭, 2024, 43 (1): 87-92.

[44] 丁震, 李浩荡, 张庆华. 煤矿灾害智能预警架构及关键技术研究 [J]. 工矿自动化, 2023, 49 (4): 15-22.

[45] 孙书伟, 刘流, 郑明新, 等. 抚顺西露天矿区边坡灾害多源监测预警系统及工程应用 [J]. 岩石力学与工程学报, 2024, 43 (5): 1124-1138.

[46] 葛世荣. 煤矿智采工作面概念及系统架构研究 [J]. 工矿自动化, 2020, 46 (4): 1-9.

[47] 葛世荣. 刮板输送机技术发展历程 (四): 智能化成套装备 [J]. 中国煤炭, 2024, 50 (5): 1-12.

[48] 赵友军, 赵书斐, 赵亦辉, 等. 高效智能采煤机的研发与应用 [J]. 智能矿山, 2024, 5 (2): 72-78.

[49] 李建, 任怀伟, 巩师鑫. 综采工作面液压支架状态感知与分析技术研究 [J]. 工矿自动化, 2023, 49 (10): 1-7, 103.

[50] 严策. 矿井带式输送机节能优化与智能控制系统研究 [J]. 中国新技术新产品, 2023 (5): 10-12.

[51] 张文科, 郭瑜, 赵辉. 基于图像识别的煤矿带式输送机自适应调速系统设计 [J]. 煤炭工程, 2024, 56 (1): 220-224.

[52] 雷亚军, 李增林, 韩存地, 等. 10m 超大采高智能化综采成套技术与装备 [J]. 智能矿山, 2024, 5 (3): 7-11.

[53] 崔耀, 王旭峰, 潘占仁. 上湾煤矿 8.8m 超大采高智能化综采控制系统研究与应用 [J]. 智能矿山, 2023, 4 (4): 45-51.

[54] 王国法, 庞义辉, 许永祥, 等. 厚煤层智能绿色高效开采技术与装备研发进展 [J]. 采矿与安全工程学报, 2023, 40 (5): 882-893.

[55] 宋国利, 赵云飞, 曹宁宁. 薄煤层综采工作面智能化关键技术与应用 [J]. 煤炭工程, 2024, 56 (5): 84-88.

[56] 王家臣, 张锦旺. 综放开采顶煤放出规律的 BBR 研究 [J]. 煤炭学报, 2015, 40 (3): 487-493.

[57] WANG J C, YANG S L, LI Y, et al. Caving mechanisms of loose top-coal in longwall top-coal caving mining method [J]. International Journal of Rock Mechanics & Mining Sciences, 2014, 71 (10): 160-170.

[58] WANG J C, WEI W J, ZHANG J W. Theoretical description of drawing body shape in an inclined seam with longwall top coal caving mining [J]. International Journal of Coal Science & Technology, 2020, 7 (1): 182-195.

[59] 冯国庭. 智能薄煤层等高综采工作面关键技术与装备 [J]. 煤炭科学技术, 2022, 50 (S1): 264-268.

[60] 张吉雄, 缪协兴, 郭广礼. 固体密实充填采煤方法与实践 [M]. 北京: 科学出版社, 2015.

[61] 徐宏祥, 邓雪杰. 煤炭开采与洁净利用 [M]. 北京: 冶金工业出版社, 2020.

[62] 钱鸣高. 煤炭的科学开采 [J]. 煤炭学报, 2010, 35 (4): 529-534.

[63] 张吉雄. 矸石直接充填综采岩层移动控制及其应用研究 [D]. 徐州: 中国矿业大学, 2008.

[64] 张强, 王云搏, 张吉雄, 等. 煤矿固体智能充填开采方法研究 [J]. 煤炭学报, 2022, 47 (7): 2546-2556.

[65] 李猛, 张吉雄, 黄艳利, 等. 基于固体充填材料压实特性的充实率设计研究 [J]. 采矿与安全工程学报, 2017, 34 (6): 1110-1115.

[66] 杨宝贵, 杨捷. 煤矿充填技术发展趋势与选用方法 [J]. 矿业研究与开发, 2015, 35 (5): 11-15.

[67] 杨科, 魏祯, 赵新元, 等. 黄河流域煤电基地固废井下绿色充填开采理论与技术 [J]. 煤炭学报, 2021, 46 (S2): 925-935.

[68] 邓雪杰, 刘浩, 王家臣, 等. 煤矿采空区充实率控制导向的胶结充填体强度需求 [J]. 煤炭学报, 2022, 47 (12): 4250-4264.

[69] 吴少康, 张俊文, 徐佑林, 等. 煤矿高水充填材料物理力学特性研究及工程应用 [J]. 采矿与安全工程学报, 2023, 40 (4): 754-763.

[70] 张吉雄, 张强, 周楠, 等. 煤基固废充填开采技术研究进展与展望 [J]. 煤炭学报, 2022, 47 (12): 4167-4181.

[71] 刘建功, 李新旺, 何团. 我国煤矿充填开采应用现状与发展 [J]. 煤炭学报, 2020, 45 (1): 141-150.

[72] 张吉雄, 屠世浩, 曹亦俊, 等. 煤矿井下煤矸智能分选与充填技术及工程应用 [J]. 中国矿业大学学报, 2021, 50 (3): 417-430.

[73] 屠世浩, 郝定溢, 李文龙, 等. "采选充+X" 一体化矿井选择性开采理论与技术体系构建 [J]. 采矿与安全工程学报, 2020, 37 (1): 81-92.

[74] 杨胜利, 王俊杰, 邓雪杰. 基于粒子群算法的井下采选充系统节点选址研究 [J]. 采矿与安全工程学报, 2020, 37 (2): 359-365.

[75] 张吉雄, 屠世浩, 曹亦俊, 等. 深部煤矿井下智能化分选及就地充填技术研究进展 [J]. 采矿与安全工程学报, 2020, 37 (1): 1-10, 22.

[76] 张吉雄, 张强, 巨峰, 等. 煤矿 "采选充+X" 绿色化开采技术体系与工程实践 [J]. 煤炭学报, 2019, 44 (1): 64-73.

[77] 范立民, 孙强, 马立强, 等. 论保水采煤技术体系 [J]. 煤田地质与勘探, 2023, 51 (1): 196-204.

[78] 刘建功, 赵利涛. 基于充填采煤的保水开采理论与实践应用 [J]. 煤炭学报, 2014, 39 (8):

1545-1551.

［79］范立民. 保水采煤的科学内涵［J］. 煤炭学报，2017，42（1）：27-35.

［80］李猛，张吉雄，邓雪杰，等. 含水层下固体充填保水开采方法与应用［J］. 煤炭学报，2017，42（1）：127-133.

［81］马立强，张东升，王烁康，等. "采充并行"式保水采煤方法［J］. 煤炭学报，2018，43（1）：62-69.

［82］马立强，张东升，金志远，等. 近距煤层高效保水开采理论与方法［J］. 煤炭学报，2019，44（3）：727-738.

［83］刘淑琴，畅志兵，刘金昌. 深部煤炭原位气化开采关键技术及发展前景［J］. 矿业科学学报，2021，6（3）：261-270.

［84］刘淑琴，张尚军，牛茂斐，等. 煤炭地下气化技术及其应用前景［J］. 地学前缘，2016，23（3）：97-102.

［85］王国法，杜毅博，陈晓晶，等. 从煤矿机械化到自动化和智能化的发展与创新实践：纪念《工矿自动化》创刊 50 周年［J］. 工矿自动化，2023，49（6）：1-18.

［86］尤秀松，葛世荣，郭一楠，等. 智采工作面三机数字孪生驱动控制架构［J］. 煤炭学报，2024（7）：3265-3275.

［87］张锦旺，王家臣，何庚. 煤矸红外图像识别基础研究［M］. 北京：应急管理出版社，2024.

［88］中华人民共和国应急管理部，国家矿山安全监察局. 煤矿安全规程［M］. 北京：应急管理出版社，2022.

［89］赵景礼，吴健. 厚煤层错层位巷道布置采全厚采煤法：98100544.6［P］. 2002-01-23.